普通高等教育电工电子基础课程系列教材

电工与电子技术学习辅导

主　编　陈德海　赵书玲

副主编　曾东红　钟　萍　焦海宁

参　编　刘　宏　梁礼明　郭　亚　肖定华　杨　洁　罗　潇

机械工业出版社

本书是在编者多年的教学经验基础上，精简、整合了"电工技术"和"电子技术"两门课程的内容，把工科学生必须学习和掌握的基础知识、基本理论和基本应用，分别从点、线、面的角度系统整理和编写而成的，以适应当前高校宽口径、厚基础、大类培养的教学改革要求。

本书共分三部分。第一部分是辅导与习题解答，首先指出了每章的重要知识点，总结了快速理解和掌握这些重要知识点的方法；然后，对每章的习题给出了详细解答。第二部分是典型检测题荟萃，围绕电工电子技术的基本概念和基本应用，设计了典型检测题，学生通过做这些检测题，可以及时查漏补缺。第三部分的内容，是第二部分所列举典型检测题的参考答案。

本书可作为普通高校工科非电类专业学生的教材，也可作为高校教师的教学参考书。

图书在版编目（CIP）数据

电工与电子技术学习辅导/陈德海，赵书玲主编 . —北京：机械工业出版社，2020. 8（2021. 7 重印）

普通高等教育电工电子基础课程系列教材

ISBN 978-7-111-66190-0

Ⅰ.①电…　Ⅱ.①陈…②赵…　Ⅲ.①电工技术 – 高等学校 – 教学参考资料②电子技术 – 高等学校 – 教学参考资料　Ⅳ.①TM②TN

中国版本图书馆 CIP 数据核字（2020）第 134185 号

机械工业出版社（北京市百万庄大街 22 号　邮政编码 100037）

策划编辑：吉　玲　责任编辑：吉　玲

责任校对：樊钟英　封面设计：鞠　杨

责任印制：邝　敏

北京盛通商印快线网络科技有限公司印刷

2021 年 7 月第 1 版第 3 次印刷

184mm×260mm·11. 25 印张·275 千字

标准书号：ISBN 978-7-111-66190-0

定价：29. 80 元

电话服务　　　　　　网络服务

客服电话：010-88361066　机　工　官　网：www. cmpbook. com

　　　　　010-88379833　机　工　官　博：weibo. com/cmp1952

　　　　　010-68326294　金　书　网：www. golden-book. com

封底无防伪标均为盗版　机工教育服务网：www. cmpedu. com

前　言

　　本书是与"电工技术""电子技术""电工电子技术"课程配套的教学参考书。全书以注重基本概念、基本理论、基本方法和基本知识的灵活应用为出发点，旨在培养学生掌握相关题型的解题思想、解题方法和解题技巧等，培养学生分析和解决实际问题的能力，适应卓越工程师计划和工程教育专业认证的要求。

　　本书是在教育部"电工学"课程指导组制定的"电工电子技术"课程教学基本要求的指导下，结合当前的教学改革形势，围绕教学基本内容编写而成的。书中的典型例题和习题均是编者在长期从事"电工学"的教学过程中精选和提炼出来的，题型具有典型性、实用性、系统性和覆盖面宽的特点。本书的讲义在校内使用多年，深受学生欢迎，已成为学生学习"电工电子技术"课程和硕士研究生入学考试必不可缺少的教学参考书。

　　本书共分三部分。第一部分是辅导与习题解答，首先指出了每章的重要知识点，总结了快速理解和掌握这些重要知识点的方法；然后，对每章的习题给出了详细解答。第二部分是典型检测题荟萃，围绕电工电子技术的基本概念和基本应用，设计了典型检测题，学生通过做这些检测题，可以及时查漏补缺。第三部分的内容，是第二部分所列举典型检测题的参考答案。

　　由于编者水平有限，缺点和错误在所难免，恳请读者提出批评和改进意见，以便今后修订时提高。

编　者

目 录 Contents

第一部分

辅导与习题解答

▶ 第一章

电路的基本概念与基本定律

★助您快速理解、掌握重点难点

掌握基本物理量电位、电压、电流、电动势是学习整个电类课程的基础，所以透彻理解这些基本概念可以让我们在电类课程的学习中举重若轻。我们可以把电路中的电位、电压、电流、电动势比作一个循环水路中的水位、水压、水流、水泵。水位有高低（电位也有高低），两点间的水位差就产生水压（有电位差就产生电压），水路通畅的情况下有水压就可以产生水流（电路通路时有电压就可以产生电流），水流是从高水位流向低水位的（电流也是从高电位流向低电位的），沿着水流的实际方向走水位是降低的（沿着电流的实际方向走电位也是降低的），水位降低了水的势能就减小，因为势能被消耗转化成了其他形式的能量（电位降低，电荷的能量也就减小了，电能被负载消耗）。当然，水流通过水泵的作用也可以从低水位流向高水位（电流通过电源（电动势）的作用也可以从低电位流向高电位），水流被水泵提升到更高水位后其势能增加了，又可以继续对外做功〔电流（正电荷）被电源提升到更高电位后又可以继续对外做功了〕。

因此判断电路中一个装置是电源还是负载，也就显得非常简单：只要判断实际电流经过这个装置后其电位是升高了还是降低了即可，升高了就是一个电源（相当于水泵），降低了就是一个负载。万变不离其宗，今后我们遇到类似问题必将迎刃而解！

（声明：原创内容，未经授权不得公开利用！）

示例：在图 1.1.1 所示电路中，已知 $V_a = 0V$，求电位 $V_b = ?$

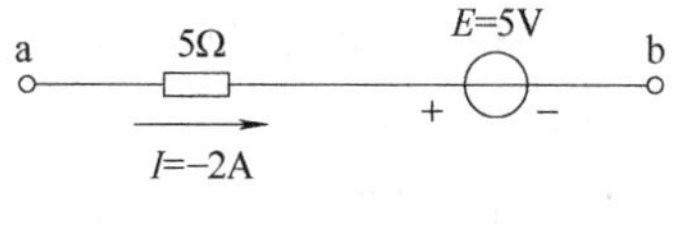

解：本题是考查物理量的实际方向与参考方向的关系、电位和电压的关系的一个典型题。因为 $I = -2A$，负值说明电流的实际方向与箭头标识的参考方向相反，a 点电位是 0V，从 a 点向右经过电阻（逆流而上）电位升高 2A ×

图 1.1.1　示例电路图

$5\Omega = 10\text{V}$，再经过电源（电压源）电位降低 5V，所以 $V_b = 0\text{V} + 10\text{V} - 5\text{V} = 5\text{V}$。

重要知识点

- 理解电路的组成和作用
- 电路模型
- 理解电压和电流的实际方向、参考方向及二者之间的关系
- 理解欧姆定律
- 电路的工作状态
- 理解基尔霍夫定律
- 理解电路中电位的概念及计算

本章总结

电路知识是所有与电相关的课程的基础知识。

本章主要讨论电路的基本概念和基本定律。电路中的基本物理量有电位、电压、电流、电动势，理解这些物理量的概念可以借助水位、水压、水流、水泵的概念类比。为了用数学方法分析电路，对这些物理量人为任意规定的方向叫作参考方向，参考方向是否与实际方向一致呢？就要由计算结果数值的正负来决定，只要规定了参考方向，欧姆定律就有了两种公式。欧姆定律是分析电路中某一对象的最基本定律，而基尔霍夫定律是分析电路中各个对象之间关系（各电流之间的关系、各电压之间的关系）的最基本定律。提出电位的概念，主要目的是为了简化电路图和更方便读懂电路图。

习题解答

【1.1】判断下列说法是否正确。

1.1.1 电路中电流总是从高电位处流向低电位处。　　　　　　　　　　（　　）

解答： 不一定正确。因为电流流过电源时，是从低电位流向高电位的。

1.1.2 电路中某一点的电位具有相对性，只有参考点确定后，该点的电位值才能确定。

（　　）

解答： 正确。某一点的电位就是这一点到参考点之间的电压。

1.1.3 如果电路中某两点的电位都很高，则该两点间的电压也很大。　　（　　）

解答： 错误。两点间的电位差才是这两点间的电压。

1.1.4 电流的参考方向，可能是电流的实际方向，也可能与实际方向相反。　（　　）

解答： 正确。参考方向只是人为假定的一个方向，是为了方便利用电路定律列写各物理量之间的关系式而假定的。

1.1.5 电阻串联后，总电阻值变大。　　　　　　　　　　　　　　　（　　）

解答： 正确。

1.1.6 照明灯泡上标有"PZ220-40"的字样，表明这只灯泡在 220V 电压下，其电功率为 40W。　　　　　　　　　　　　　　　　　　　　　　　　　　　（　　）

解答：正确。

1.1.7 实际电路中的电气设备、器件和导线都有一定的额定值，使用时要注意不要超过额定值。 （ ）

解答：正确。

【1.2】选择合适答案填入空内。

1.2.1 下列设备中，（ ）一定是电源。

A. 发电机 　　　　 B. 电视机 　　　　 C. 电炉 　　　　 D. 电动机

解答：电视机、电炉、电动机都是负载，所以答案为 A。

1.2.2 电路中任意两点间的电位差称为（ ）。

A. 电动势 　　　　 B. 电压 　　　　 C. 电位 　　　　 D. 电势

解答：根据电位和电压的概念，答案为 B。

1.2.3 由欧姆定律 $I = U/R$ 可知，流过电阻的电流与其两端所加的电压（ ）。

A. 成正比 　　　　 B. 成反比 　　　　 C. 无关 　　　　 D. 保持不变

解答：答案为 A。

1.2.4 千瓦时（$kW \cdot h$）是（ ）的单位。

A. 电压 　　　　 B. 电流 　　　　 C. 电功率 　　　　 D. 电能

解答：这里主要要区分电功率和电能的概念，电功率是单位时间内消耗或提供的电能，其单位为瓦，所以答案为 D。

1.2.5 加在电阻两端的电压越高，流过电阻的电流会（ ）。

A. 变大 　　　　 B. 变小 　　　　 C. 不变 　　　　 D. 不确定

解答：对于非线性电阻而言，其中的电流和两端的电压有时候就没有固定关系，所以答案为 D。

1.2.6 毫安（mA）是（ ）的单位。

A. 电流 　　　　 B. 电压 　　　　 C. 电阻 　　　　 D. 电功

解答：答案为 A。

1.2.7 某支路如图 1.1.2 所示，其电压 U_{AB} 与电流 I 的关系式应为（ ）。

A. $I = \dfrac{U_{AB} - U_S}{R}$ 　　　　　　　　 B. $I = \dfrac{U_{AB} + U_S}{R}$

C. $I = -\dfrac{U_{AB} - U_S}{R}$ 　　　　　　　　 D. $I = \dfrac{U_{AB} + U_S}{R}$

解答：所计算出的电阻两端的电压的参考方向与电流的参考方向相反，所以欧姆定律前面应加一负号，故答案为 C。

1.2.8 一段含源支路及其伏安特性如图 1.1.3 所示，图中三条直线对应于电阻 R 的三个不同数值 R_1、R_2、R_3，则可看出（ ）。

A. $R_1 = 0$，且 $R_1 > R_2 > R_3$ 　　　　 B. $R_1 \neq 0$，且 $R_1 > R_2 > R_3$

C. $R_1 = 0$，且 $R_1 < R_2 < R_3$ 　　　　 D. $R_1 \neq 0$，且 $R_1 < R_2 < R_3$

解答：一段电路无论电流多大，其两端的电压恒定，那么这段电路的电阻肯定为 0，所以 $R_1 = 0$，根据欧姆定律知 $R_2 < R_3$，故答案为 C。

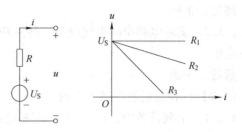

图 1.1.2　习题 1.2.7 电路图　　　　图 1.1.3　习题 1.2.8 电路图

1.2.9　电路如图 1.1.4 所示，若 $U_S>0$，$I_S>0$，$R>0$，则以下说法正确的是（　　）。

A. 电阻吸收功率，电压源与电流源发出功率

B. 电阻与电压源吸收功率，电流源发出功率

C. 电阻与电流源吸收功率，电压源发出功率

D. 电压源吸收功率，电流源发出功率

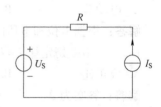

图 1.1.4　习题 1.2.9 电路图

解答：电阻是一个耗能元件，是吸收功率的。电路图左边是电压源（一种电源形式），右边是电流源（另一种电源形式）。因为电压源的电压和电流源的电流都是大于 0 的，所以电路图中所示参考方向就是它们的实际方向。电流流过电流源后，电位升高了，所以电流源一定起到了电源的性质，是发出功率的；电流流过电压源后，其电位降低了，所以电压源在这里起到了负载的作用，是吸收功率的。故答案为 B。

1.2.10　电路如图 1.1.5 所示，该电路的功率守恒表现为（　　）。

A. 电阻吸收 1W 功率，电流源供出 1W 功率

B. 电阻吸收 1W 功率，电压源供出 1W 功率

C. 电阻与电压源共吸收 1W 功率，电流源供出 1W 功率

D. 电阻与电流源共吸收 1W 功率，电压源供出 1W 功率

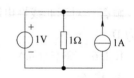

图 1.1.5　习题 1.2.10 电路图

解答：电阻两端的电压取决于电压源的电动势，是 1V，所以电阻中流过的电流为 1A，消耗（吸收）功率 1W；根据基尔霍夫电流定律（KCL），右边的电流源的电流都流过了电阻，所以电路图中左边的电压源中电流为 0，电压源既不吸收功率也不发出功率。故答案为 A。

1.2.11　图 1.1.6 所示电路中电流 I 为（　　）。

A. 24A　　　　　　　　B. -24A

C. $\frac{8}{3}$A　　　　　　D. $-\frac{8}{3}$A

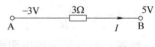

图 1.1.6　习题 1.2.11 电路图

解答：$I=(-3-5)/3=-8/3$A，故答案为 D。

1.2.12　电路如图 1.1.7 所示，若电流源的电流 $I_S>1$A，则电路的功率情况为（　　）。

A. 电阻吸收功率，电流源与电压源发出功率

B. 电阻与电流源吸收功率，电压源发出功率

C. 电阻与电压源吸收功率，电流源发出功率

D. 电阻无作用，电压源吸收功率，电流源发出功率

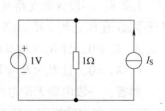

图 1.1.7　习题 1.2.12 电路图

解答：电阻两端的电压取决于电压源的电动势，是1V，所以电阻中流过的电流为1A，消耗（吸收）功率1W；根据 KCL，右边的电流源的电流流过了电阻1A，还有一部分从上到下流过了电路图中左边的电压源，电压源吸收功率（消耗功率）。故答案为 C。

1.2.13　图 1.1.8 所示电路中，若电压源 $U_S = 10V$，电流源 $I_S = 1A$，则（　　）。

A. 电压源与电流源都产生功率

B. 电压源与电流源都吸收功率

C. 电压源产生功率，电流源不一定

D. 电流源产生功率，电压源不一定

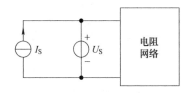

图 1.1.8　习题 1.2.13 电路图

解答：左边电流源两端的电压上正（＋）下负（－），电流流过电流源后电位升高了，所以电流源在这里是电源性质，发出功率；右边的电压源中流过的电流不能确定，所以不能确定它的性质是电源还是负载。故答案为 D。

1.2.14　电路如图 1.1.9 所示，若 R、U_S、I_S 均大于零，则电路的功率情况为（　　）。

A. 电阻吸收功率，电压源与电流源供出功率

B. 电阻与电压源吸收功率，电流源供出功率

C. 电阻与电流源吸收功率，电压源供出功率

D. 电阻吸收功率，电流源供出功率，电压源无法确定

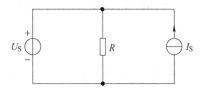

图 1.1.9　习题 1.2.14 电路图

解答：电流流经右边的电流源后电位升高了，所以右边的电流源是电源，发出功率；电阻是耗能元件肯定是吸收功率的；本电路中无法确定左边电压源中的电流大小和方向，所以无法判断其性质。故答案为 D。

1.2.15　在 4s 内供给 6Ω 电阻的能量为 2400J，则该电阻两端的电压为（　　）。

A. 10V　　　　　　B. 60V　　　　　　C. 83.3V　　　　　　D. 100V

解答：电阻消耗的功率为 $P = 2400J/4s = 600W$，由 $P = U^2/R = 600W$ 得 $U = 60V$，故答案为 B。

1.2.16　将一个 100Ω、1W 的电阻接于直流电路，则该电阻所允许的最大电流与最大电压分别应为（　　）。

A. 10mA，10V　　B. 100mA，10V　　C. 10mA，100V　　D. 100mA，100V

解答：根据额定功率 $P = U^2/R = I^2R = 1W$，可以求得 $I = 100mA$，$U = 10V$，故答案为 B。

1.2.17　电路如图 1.1.10 所示，U_S 为独立电压源，若外电路不变，仅电阻 R 变化时，将会引起（　　）。

A. 端电压 U 的变化　　　　　　　　B. 输出电流 I 的变化

C. 电阻 R 支路电流的变化　　　　　D. 上述三者同时变化

解答：答案为 C。

1.2.18　电路如图 1.1.11 所示，I_S 为独立电流源，若外电路不变，仅电阻 R 变化时，将会引起（　　）。

A. 端电压 U 的变化　　　　　　　　B. 输出电流 I 的变化

C. 电流源 I_S 两端电压的变化　　　　D. 上述三者同时变化

解答：因电流 I 恒等于 I_S，R 变化时，R 两端的电压变化，又 U 不变，所以会引起电流源两端的电压变化，故答案为 C。

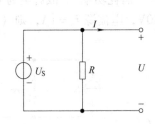 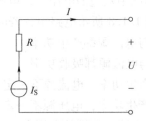

图 1.1.10　习题 1.2.17 电路图　　　图 1.1.11　习题 1.2.18 电路图

1.2.19　电路如图 1.1.12 所示，其中 I 为（　　　）。

A. 5A　　　　　　B. 7A　　　　　　C. 3A　　　　　　D. −2A

解答：答案为 C。

1.2.20　电路如图 1.1.13 所示，支路电流 I_{AB} 与支路电压 U_{AB} 分别应为（　　　）。

A. 0.5A 与 1V　　　　　　　　　B. 1A 与 2V

C. 0A 与 0V　　　　　　　　　D. 1.5A 与 3V

解答：根据基尔霍夫电流定律，把电路右边那一部分圈起来当作一个广义结点，得 $I_{AB}=0$，所以 $U_{AB}=0$，故答案为 C。

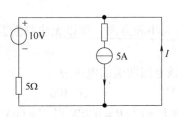 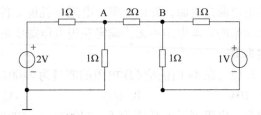

图 1.1.12　习题 1.2.19 电路图　　　图 1.1.13　习题 1.2.20 电路图

1.2.21　电路如图 1.1.14 所示，其中 3A 电流源两端的电压 U 为（　　　）。

A. 0V　　　　B. 6V　　　　C. 3V　　　　D. 7V

解答：对外围回路，应用基尔霍夫电压定律求出 $U=7V$，故答案为 D。

1.2.22　图 1.1.15 所示直流电路中，电流 I 等于（　　　）。

A. $I = \dfrac{U_S - U_1}{R_2}$　　　　　　　　　B. $I = -\dfrac{U_1}{R_1}$

C. $I = \dfrac{U_S}{R_2} - \dfrac{U_1}{R_1}$　　　　　　　　　D. $I = \dfrac{U_S - U_1}{R_2} - \dfrac{U_1}{R_1}$

解答：对外围回路，应用基尔霍夫电压定律可知，答案为 D。

1.2.23　图 1.1.16 所示电路中，电流 I 为（　　　）。

A. 0A　　　　B. 3A　　　　C. 1A　　　　D. 2A

解答：应用基尔霍夫定律可知，答案为 C。

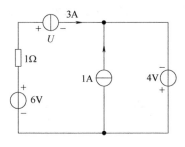

图 1.1.14 习题 1.2.21 电路图

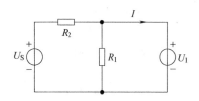

图 1.1.15 习题 1.2.22 电路图

1.2.24 电路如图 1.1.17 所示，已知 $U_2 = 2\text{V}$，$I_1 = 1\text{A}$，则 I_S 为（ ）。

A. 5A   B. $\dfrac{2}{R + R_1 + 1}\text{A}$ C. $\dfrac{2}{R + 1} + I_1$ D. 6A

解答： 应用基尔霍夫定律可知，答案为 A。

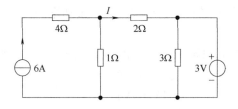

图 1.1.16 习题 1.2.23 电路图

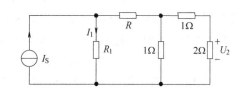

图 1.1.17 习题 1.2.24 电路图

1.2.25 电路如图 1.1.18 所示，已知 $U_2 = 2\text{V}$，$I_1 = 1\text{A}$，电源电压 U_S 为（ ）。

A. 7V   B. 5V   C. $(R + 1)I_1$ D. -7V

解答： 先用欧姆定律求出右侧电阻中的电流，再用基尔霍夫电流定律求出左侧支路电流，然后对左边网孔回路用基尔霍夫电压定律求出 U_S，答案为 D。

【1.3】 流过某元件的电流波形如图 1.1.19 所示，则在 $t = 0$ 至 $t = 45\text{s}$ 期间，通过的电荷为多少？

解： $q = it = 0.5 \times 23\text{C} = 11.5\text{C}$。

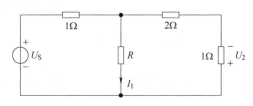

图 1.1.18 习题 1.2.25 电路图

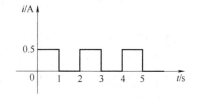

图 1.1.19 习题 1.3 电路图

【1.4】 电路如图 1.1.20 所示，按所标参考方向，此处 U 与 I 的数值分别应为多少？

解： 因为与电压源并联的支路，其两端的电压都恒等于电压源的电压，又因为 U 的参考方向与左边电压源的参考方向相反，所以 $U = -10\text{V}$，$I = -\dfrac{10\text{V}}{10\Omega} = -1\text{A}$。

【1.5】 如图 1.1.21 所示，若已知元件 A 吸收功率 10W，则电压 U 为多少？

解： 由电路图可知电压、电流的参考方向一致，且元件吸收功率为 10W，也就是电流流过 A 后能量降低了，说明电路图中所标识的电压、电流的参考方向就是实际方向，所以 $U = P/I = 10W/2A = 5V$。

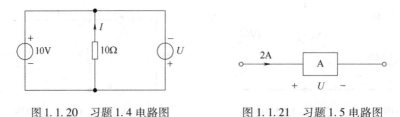

图 1.1.20　习题 1.4 电路图　　　　图 1.1.21　习题 1.5 电路图

【1.6】 如图 1.1.22 所示，已知元件 A 的电压、电流为 $U = -4V$、$I = 3A$，元件 B 的电压、电流为 $U = 2V$、$I = -4mA$，则元件 A、B 吸收的功率分别为多少？

解： 由图可知元件 A 的电压、电流是非关联参考方向，元件 B 的电压、电流是关联参考方向，则 $P_A = -UI = -(-4)V \times 3A = 12W$（说明 A 的性质是负载，是消耗功率的），$P_B = UI = 2V \times (-4 \times 10^{-3})A = -8 \times 10^{-3}W$（说明 B 的性质是电源，是发出功率的）。

【1.7】 求图 1.1.23 所示电路中端电压 U。

解： 由于电压源与电流源并联，可以将 4A 电流源省去，省去后对开口两端的电路没有影响（与电压源并联的支路，其两端的电压取决于且仅取决于电压源的电压）。

对 1Ω 和 3A 的回路用基尔霍夫电压定律，可知 $U_1 = 3 \times 1V = 3V$；

对 U、1Ω 和 5V 电压源回路用基尔霍夫电压定律，可知 $U = U_1 - 5V = 3V - 5V = -2V$。

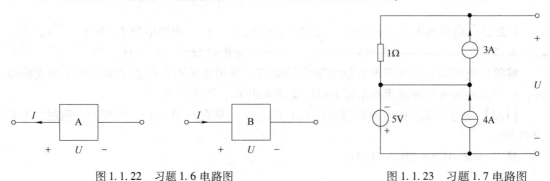

图 1.1.22　习题 1.6 电路图　　　　图 1.1.23　习题 1.7 电路图

【1.8】 电路如图 1.1.24 所示，各点对地的电压（即各点的电位）：$V_a = 5V$，$V_b = 3V$，$V_c = -5V$，则元件 A、B、C 吸收的功率分别为多少？

解： 根据电位的概念 $V_a = 1V - 4I = 5V$，得 $I = -1A$。设元件 A、B、C 吸收的功率分别为 P_A、P_B 和 P_C，则

$P_A = I(V_a - V_b) = -1A \times (5 - 3)V = -2W$（说明 A 元件为电源，发出功率）

$P_B = I(V_b - V_c) = -1A \times (3 - (-5))V = -8W$（说明 B 元件为电源，发出功率）

$P_C = I(V_c - 0) = -1A \times (-5 - 0)V = 5W$（说明 C 元件为负载，吸收功率）

【1.9】 图 1.1.25 所示电路为某复杂电路的一部分，已知 $I_1 = 6A$，$I_2 = -2A$，求图中电流 I。

解： 由基尔霍夫电压定律有

$$12I = 6 \times (I_1 - I) + 18 \times (I_1 - I + I_2)$$

代入 I_1、I_2，解得

$$I = 3A$$

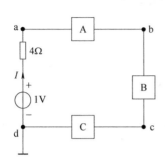

图 1.1.24　习题 1.8 电路图

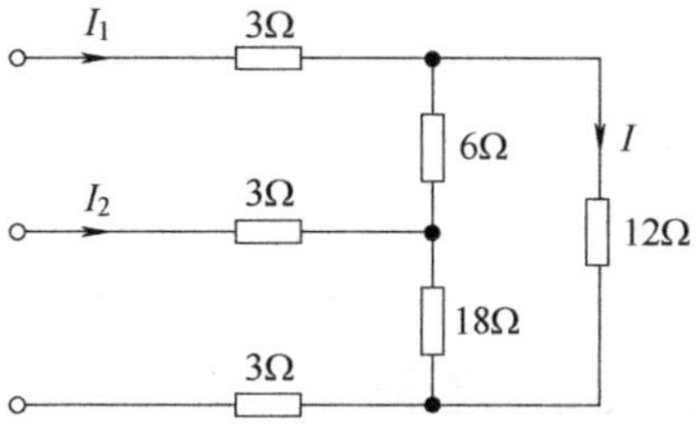

图 1.1.25　习题 1.9 电路图

【1.10】 电路如图 1.1.26 所示，求 U_1、U_2、U_3。

解：针对 10V、10V、U_3 回路用基尔霍夫电压定律得，$U_3 = 10V - 10V = 0V$；

针对 10V、6V、U_2 回路用基尔霍夫电压定律得，$U_2 = 6V - 10V = -4V$；

针对 10V、6V、U_1 回路用基尔霍夫电压定律得，$U_1 = 10V - 6V = 4V$。

【1.11】 电路如图 1.1.27 所示，分别求电压 U_{AD}、U_{CD}、U_{AC}。

解：首先运用基尔霍夫电流定律求出各支路电流，再用基尔霍夫电压定律或欧姆定律可求得 $U_{AD} = -11V$，$U_{CD} = 11V$，$U_{AC} = -22V$。

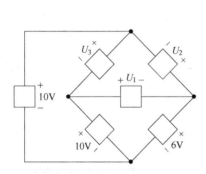

图 1.1.26　习题 1.10 电路图

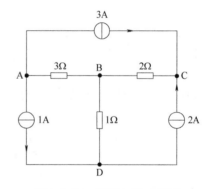

图 1.1.27　习题 1.11 电路图

【1.12】 求图 1.1.28 所示电路中电流源供出的功率 P。

解：对三个 1Ω 的三角形联结电阻进行星-三角变换，可以得到三个电阻都是 1/3Ω 的星形联结电阻，再对 2Ω 和 1/3Ω 与 2Ω 和 1/3Ω 并联回路进行化简，其最终的等效电阻为

$$R = \frac{7}{6}\Omega + \frac{1}{3}\Omega + 2\Omega = \frac{7}{2}\Omega$$

则

$$P = I^2R = (5A)^2 \times \frac{7}{2}\Omega = \frac{175}{2}W$$

【1.13】 电路如图 1.1.29 所示，要使 $U_{AB} = 5V$，问电压源电压 U_S 应是多少？

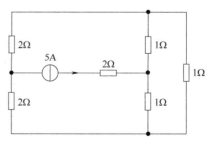

图 1.1.28　习题 1.12 电路图

解：各电流参考方向如图所示，如果要使 $U_{AB}=5V$，则有

$$-1\Omega \times (10A - I_1) + 1\Omega \times I_1 = 5V$$

解得

$$I_1 = 7.5A$$

又因为

$$U_{ED} + U_{DF} = U_{AB} = 5V$$

则有

$$U_{DF} = 0V, \quad I_2 = 0A$$

由基尔霍夫电流定律得

$$I_1 + I_2 = I_S, \quad I_S = 7.5A$$

对外围回路用基尔霍夫电压定律得

$$U_S = 1\Omega \times 7.5A + U_{AB} = 12.5V$$

【1.14】电路如图 1.1.30 所示，求电流 I_1、I_2、I_3、I_4。

解：通过基尔霍夫电压定律可以算出 9Ω、5Ω、6Ω、1Ω 电阻上的电压分别为 9V、20V、$-12V$、1V，电流分别为 1A、4A、$-2A$、1A。

由基尔霍夫电流定律可知，$I_1 = -1A - 4A = -5A$，$I_2 = -4A - 2A = -6A$，$I_3 = 1A + 2A = 3A$，$I_4 = 1A + 1A = 2A$。

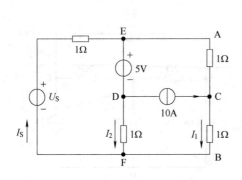

图 1.1.29　习题 1.13 电路图

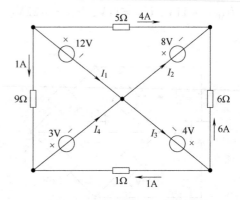

图 1.1.30　习题 1.14 电路图

第二章

电路分析方法

★助您快速理解、掌握重点难点

与理想电压源（恒压源）并联的支路，其两端的电压恒等于电压源的电动势 E；与理想电流源（恒流源）串联的支路，其中的电流恒等于电流源的 I_S。

叠加定理是一种生活中很多领域都适用的化繁为简的处理问题的方法。在电路分析时，含有多电源的电路分析起来往往比较复杂（大家不太习惯），把它化为每一个电源单独作用的几个电路，对每一个单电源电路进行分析就显得很简单了，然后再进行代数叠加（一定要注意方向），但要注意，叠加定理只适用于线性电路（不含非线性元件，比如二极管、晶体管等的电路）。

要注意的是，在使用戴维南定理或诺顿定理时，变换后的等效电路是针对分析对象（正在分析的电路元件及其物理量）而言的！

示例：如图 1.2.1 所示电路，对 a、b 两点外电路而言，图 1.2.1a 可以等效化简为图 1.2.1b。因为与电压源并联的 3Ω 电阻，无论有还是没有，无论是多大的电阻，其两端的电压都是电压源的电动势 5V，所以可以去掉 3Ω 的电阻，去掉后的电路对 a、b 两点外电路的作用而言与原电路是等效的，这样一来就可以简化电路分析了。

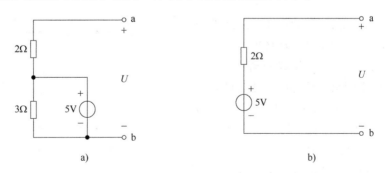

图 1.2.1　示例电路图

重要知识点

- 实际电源两种电路模型间的等效变换
- 熟练掌握支路电流法、节点电压法
- 掌握用叠加定理、戴维南定理与诺顿定理分析电路的方法

本章总结

电路的一般分析是指方程分析法，是以电路元件的约束特性和电路的拓扑约束特性为依据，建立以支路电流或节点电压为变量的电路方程组，解出所求的电压、电流和功率。电路定理是电路理论的重要组成部分，本章介绍的叠加定理、戴维南定理和诺顿定理适用于所有线性电路问题的分析，对于进一步学习后续课程起着重要作用，为求解电路提供了另一类分析方法。

1. 叠加定理：在线性电路中，任一支路电压或电流都是电路中各独立电源单独作用时在该支路上电压或电流的代数和。应用叠加定理应注意：（1）只适用于线性电路，非线性电路一般不适用。（2）某独立电源单独作用时，其余独立源置零。置零电压源是短路，置零电流源是开路。电源的内阻以及电路其他部分结构参数应保持不变。（3）只适用于任一支路电压或电流。任一支路的功率或能量是电压或电流的二次函数，不能直接用叠加定理来计算。（4）响应叠加是代数和，应注意响应的参考方向。

2. 戴维南定理：任一线性有源二端网络 N，就其两个输出端而言，总可以用一个独立电压源和一个电阻的串联电路来等效，其中独立电压源的电压等于该二端网络 N 输出端的开路电压 u_{oc}，串联电阻 R_o 等于将该二端网络 N 内所有独立源置零时从输出端看入的等效电阻。

3. 诺顿定理：任一线性有源二端网络 N，就其两个输出端而言，总可以用一个独立电流源和一个电阻的并联电路来等效，其中独立电流源的电流等于该二端网络 N 输出端的短路电压 i_{sc}，并联电阻 R_o 等于将该二端网络 N 内所有独立源置零时从输出端看入的等效电阻。

习题解答

【2.1】 在图 1.2.2 所示电路中，试求等效电阻 R_{ab} 和电流 I。已知 U_{ab} 为 16V。

解：图 1.2.2 是一个由串联臂和并联臂交替组成的梯形电阻网络。重画图 1.2.2 的题解图 1.2.3，其中 R_1 与 R_2 串联再与 R_3 并联后得等效电阻 1Ω，自右到左再继续上述过程，直至最后得到 $R_{ab} = 2\Omega$，$I_8 = 8A$。

由分流公式可知，由左侧向右进入任一节点的电流一分为二，即

$$I_6 = I_7 = \frac{1}{2}I_8 = 4A$$

$$I_4 = I_5 = \frac{1}{2}I_6 = 2A$$

$$I = I_2 = I_3 = \frac{1}{2}I_4 = 1A$$

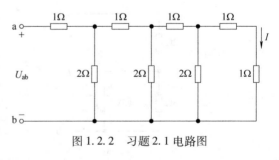

图 1.2.2　习题 2.1 电路图

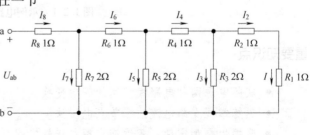

图 1.2.3　习题 2.1 题解图

【2.2】求图1.2.4所示各电路a、b两点间的等效电阻R_{ab}。

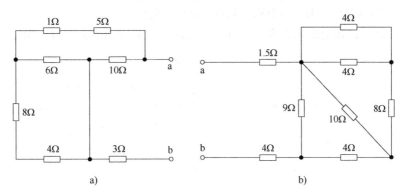

图1.2.4 习题2.2电路图

解：图1.2.4a可整理为图1.2.5。

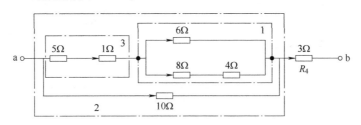

图1.2.5 习题2.2题解图（1）

设并联电路1的电阻为R_1，串联电路3的电阻为R_3，并联电路2的电阻为R_2，另外$R_4 = 3\Omega$，由串并联电阻等效可知，$R_1 = 4\Omega$，$R_3 = 6\Omega$，$R_2 = 5\Omega$，$R_{ab} = R_4 + R_2 = 3\Omega + 5\Omega = 8\Omega$。

图1.2.4b可整理为图1.2.6。

由串并联知识可知，$R_{12} = 2\Omega$，$R_{13} = 5\Omega$，$R_{14} = 4.5\Omega$，$R_{ab} = R_{a1} + R_{14} + R_{4b} = 10\Omega$。

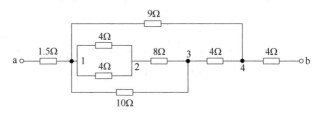

图1.2.6 习题2.2题解图（2）

【2.3】计算图1.2.7所示两电路中a、b间的等效电阻R_{ab}。

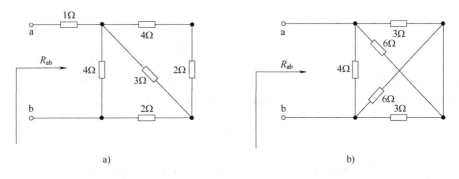

图1.2.7 习题2.3电路图

解：图 1.2.7a 是一个由串联臂和并联臂交替组成的电阻网络，其可整理为图 1.2.8a，则 $R_{ab} = \left[\left(\left(\left((4\Omega + 2\Omega)//3\Omega\right) + 2\Omega\right)//4\Omega\right) + 1\Omega\right] = 3\Omega$。

图 1.2.7b 可以整理为图 1.2.8b，则 $R_{ab} = \left[(3\Omega//6\Omega) + (6\Omega//3\Omega)\right]//4\Omega = 2\Omega$。

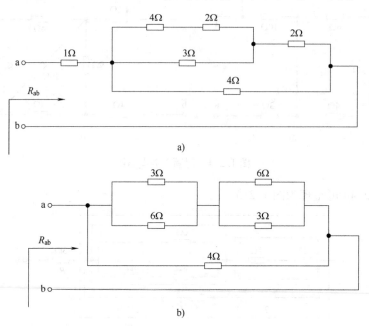

图 1.2.8　习题 2.3 题解图

*【2.4】 在图 1.2.9a、b 所示的两个电路中，求 a、b 两端的等效电阻。

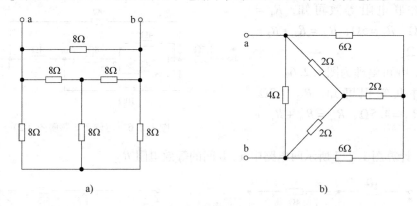

图 1.2.9　习题 2.4 电路图

解：该题电阻的连接不是简单的串并联关系，需要借助 Y-△ 转换来解决。

图 1.2.9a 中将 △ 形联结转换为 Y 形联结，如图 1.2.10a 所示，则

$$R_1 = R_2 = R_3 = \frac{8}{3}\Omega$$

$$R_{ab} = 8\Omega // \left[\frac{8}{3}\Omega + \left(\frac{8}{3}\Omega + 8\Omega\right)//\left(\frac{8}{3}\Omega + 8\Omega\right)\right] = 4\Omega$$

图 1.2.9b 中将 △ 形联结转换为 Y 形联结，如图 1.2.10b 所示，则

$$R_1 = \frac{6\Omega \times 2\Omega}{6\Omega + 2\Omega + 2\Omega} = 1.2\Omega$$

$$R_2 = \frac{2\Omega \times 2\Omega}{6\Omega + 2\Omega + 2\Omega} = 0.4\Omega$$

$$R_3 = \frac{6\Omega \times 2\Omega}{6\Omega + 2\Omega + 2\Omega} = 1.2\Omega$$

$$R_{ab} = \frac{12}{7}\Omega$$

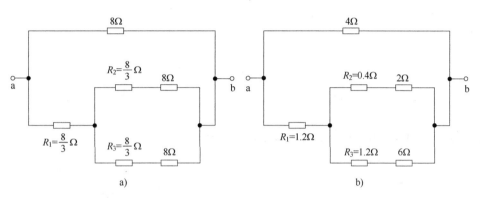

图 1.2.10　习题 2.4 题解图

*【2.5】 图 1.2.11 所示是一调节电位器电阻 R_P 的分压电路，$R_P = 1\mathrm{k\Omega}$。在开关 S 断开和闭合这两种情况时，试分别求电位器的滑动触点在 a、b 和中点 c 三个位置时的输出电压 U_o。

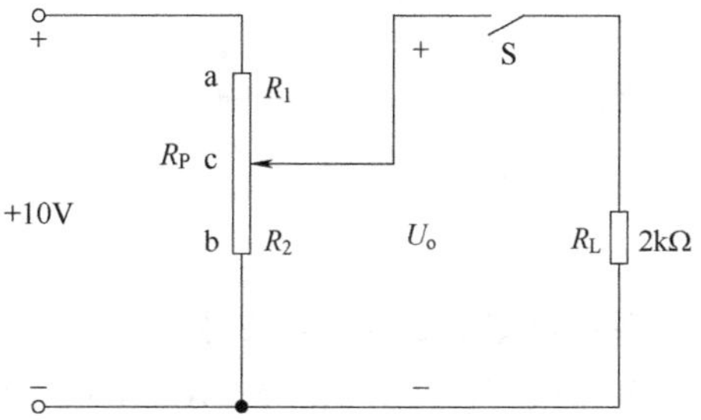

解：（1）开关 S 断开时：

滑动触点在 a 点，$U_o = 10\mathrm{V}$；

滑动触点在 b 点，$U_o = 0\mathrm{V}$；

滑动触点在 c 点，$U_o = 5\mathrm{V}$。

（2）开关 S 闭合时，U_o 实际上就是右边电阻上的电压。

滑动触点在 a 点，$U_o = 10\mathrm{V}$；

滑动触点在 b 点，$U_o = 0\mathrm{V}$；

图 1.2.11　习题 2.5 电路图

滑动触点在 c 点，$U_o = \dfrac{R_2 /\!/ R_L}{R_1 + R_2 /\!/ R_L} \times U = \dfrac{\dfrac{0.5 \times 2}{0.5 + 2}}{0.5 + \dfrac{0.5 \times 2}{0.5 + 2}} \times 10\mathrm{V} = 4.44\mathrm{V}$

【2.6】 图 1.2.12 所示电路，一未知电源外接一个电阻 R，当 $R = 2\Omega$ 时，测得电阻两端的电压 $U = 8\mathrm{V}$；当 $R = 5\Omega$ 时，测得 $U = 10\mathrm{V}$。求该电源的等效电压源模型。

解： 设未知电源的内阻为 R_0，则

$$U = E - R_0 I$$

当 $R = 2\Omega$ 时，$U = 8\mathrm{V}$，则

$$I_1 = \frac{U}{R} = \frac{8\mathrm{V}}{2\Omega} = 4\mathrm{A} \qquad 8 = E - 4R_0 \qquad ①$$

当 $R = 5\Omega$ 时，$U = 10\text{V}$，则

$$I_2 = \frac{U}{R} = \frac{10\text{V}}{5\Omega} = 2\text{A} \qquad 10 = E - 2R_0 \qquad\qquad ②$$

联立①、②解得 $E = 12\text{V}$，$R_0 = 1\Omega$，所以该电源的等效电压源模型如图 1.2.13 所示。

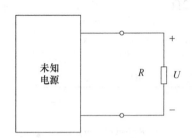
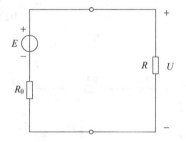

图 1.2.12 习题 2.6 电路图　　　　　　图 1.2.13 习题 2.6 题解图

【2.7】 求图 1.2.14a、b 所示电路的等效电源模型。

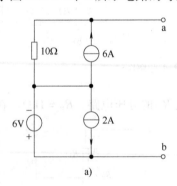
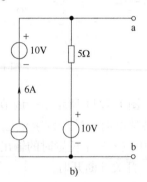

图 1.2.14 习题 2.7 电路图

解：对图 1.2.14a 可求得

开路电压：$U_{\text{abo}} = (-6 + 6 \times 10)\text{V} = 54\text{V}$

短路电流：$I_{\text{abs}} = (-6/10 + 6)\text{A} = 5.4\text{A}$

（与 U_S 并联的电流源对外电路不起作用，可以去除也就是断路）

等效电阻：$R_{\text{abo}} = R = 10\Omega$

所以，其等效电压源模型是 54V 的电动势 E 与 10Ω 的内阻串联（电路图略）；其等效电流源模型是 5.4A 的电流 I_S 与 10Ω 的内阻并联（电路图略）。

对图 1.2.14b 可求得

开路电压：$U_{\text{abo}} = (10 + 6 \times 5)\text{V} = 40\text{V}$

短路电流：$I_{\text{abs}} = (6 + 10/5)\text{A} = 8\text{A}$

（与 I_S 串联的电压源对外电路不起作用，可以去除也就是短路）

等效电阻：$R_{\text{abo}} = R = 5\Omega$

所以，其等效电压源模型是 40V 的电动势 E 与 5Ω 的内阻串联（电路图略）；其等效电流源模型是 8A 的电流 I_S 与 5Ω 的内阻并联（电路图略）。

【2.8】 电路如图1.2.15所示，试求I、I_1、U_S，并判断20V的理想电压源和5A的理想电流源是电源还是负载？

解： 由图1.2.15可以看出，与电压源并联的电阻R_2和与电流源串联的电阻R_3对于8Ω电阻R_4中的电流I没有影响，因此在求解I时可将原电路进行化简，然后再把电流源等效转化为电压源，得

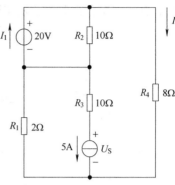

图1.2.15 习题2.8电路图

$$I = \frac{U_{S1} - U_{S2}}{R_1 + R_4} = \frac{20 - 10}{2 + 8}\text{A} = 1\text{A}$$

再回到原始电路中，由基尔霍夫定律得

$$I_1 = \frac{U_{S1}}{R_2} + I = \frac{20}{10}\text{A} + 1\text{A} = 3\text{A}$$

$$\begin{aligned}U_S &= (I_S + I)R_1 + I_S R_3\\ &= \left[(5+1)\times 2 + 5\times 10\right]\text{V}\\ &= (12+50)\text{V} = 62\text{V}\end{aligned}$$

这样求出的U_S对吗？实际上是不对的，应该是$I_S R_3 + U_S = -\left[(I_S + I)R_1\right]$，得$U_S = -62\text{V}$，这里要注意参考方向。

【2.9】 在图1.2.16a、b所示的两个电路中，用电源模型等效变换法求电流I。

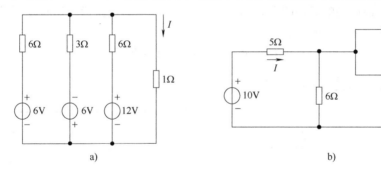

图1.2.16 习题2.9电路图

解： 图1.2.16a所示电路可以等效变换为图1.2.17和图1.2.18所示电路（变换过程中要保持分析对象不动，在本题中分析对象就是1Ω的电阻），则

$$I_0 = I_1 + I_3 - I_2 = (6/6 + 12/6 - 6/3)\text{A} = 1\text{A}$$

$$I = I_0 \times \frac{1.5\Omega}{1.5\Omega + 1\Omega} = 0.6\text{A}$$

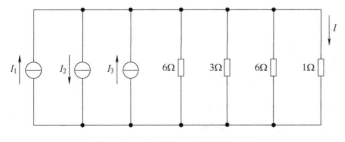

图1.2.17 习题2.9题解图（1）

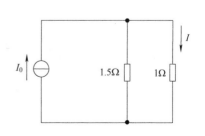

图1.2.18 习题2.9题解图（2）

图 1.2.16b 所示电路可以等效变换为图 1.2.19 所示电路（变换过程中要保持分析对象不动，在本题中分析对象就是左边 5Ω 的电阻），则

$$I = \frac{18V}{9\Omega} = 2A$$

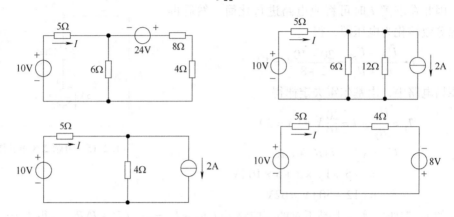

图 1.2.19　习题 2.9 题解图（3）

【2.10】 利用电源等效变换方法求图 1.2.20 所示电路中的电流 I。

解：电源等效变换后的电路如图 1.2.21 所示（变换过程中要保持分析对象不动，在本题中分析对象就是右边 4V 的电压源），则

$$I = (U_1 + U_2)/R = (6 + 4)V/5\Omega = 2A$$

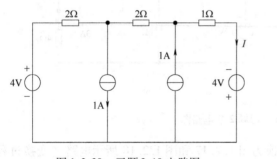

图 1.2.20　习题 2.10 电路图

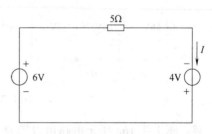

图 1.2.21　习题 2.10 题解图

【2.11】 试用电压源和电流源等效变换的方法计算图 1.2.22 所示电路中的电流 I。

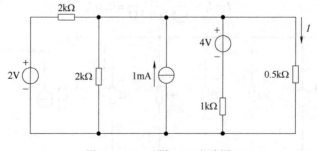

图 1.2.22　习题 2.11 电路图

解：图 1.2.22 所示电路可变换为图 1.2.23 所示电路，$I = 3\text{mA}$。

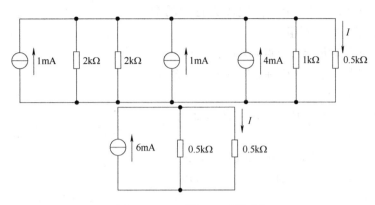

图 1.2.23　习题 2.11 题解图

【2.12】在图 1.2.24 所示电路中，已知电源电动势 $E_1 = 42\text{V}$、$E_2 = 21\text{V}$，电阻 $R_1 = 12\Omega$、$R_2 = 3\Omega$、$R_3 = 6\Omega$，求各支路电流。

解：利用支路电流法，列两个回路电压方程和一个节点电流方程，然后解方程组。

回路①：

$$E_1 + E_2 = I_1 R_1 + I_2 R_2$$

回路②：

$$E_1 = I_1 R_1 + I_3 R_3$$

节点电流方程：

$$I_1 = I_2 + I_3$$

联立求解得

$$I_1 = -4\text{A}, \ I_2 = -5\text{A}, \ I_3 = 1\text{A}$$

【2.13】图 1.2.25 所示电路，已知 $R_1 = R_2 = 1\Omega$，$R_3 = 3\Omega$，用支路电流法求电流 I_1、I_2、I_3。

解：由图 1.2.25 可知，由节点电流定律得 $I_1 = I_2 + 4$，$I_3 = I_2 + 3$，对电压源、R_1、R_2、R_3 构成的回路，列回路电压方程有 $(4 + I_2) R_1 + I_2 R_2 + (3 + I_2) R_3 - 18 = 0$，解得 $I_1 = 5\text{A}$，$I_2 = 1\text{A}$，$I_3 = 4\text{A}$。

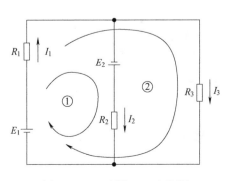

图 1.2.24　习题 2.12 电路图

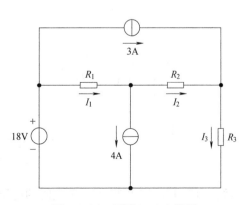

图 1.2.25　习题 2.13 电路图

【2.14】 用支路电流法求图 1.2.26 所示电路中各支路电流。

解： 利用支路法，列一个节点电流方程和两个回路电压方程，然后解方程组。

由基尔霍夫定律对最上边节点 a 列出：$i_3 = i_1 + i_2$

对左面单孔回路列出：$E_1 + i_2 R_1 - E_2 - i_1 R_2 = 14 + 3i_2 - 2 - 2i_1 = 0$

对右面单孔回路列出：$E_2 - i_2 R_1 - i_3 R_3 = 2 - 3i_2 - 8i_3 = 0$

联立上式得出：$i_1 = 3A$，$i_2 = -2A$，$i_3 = 1A$

【2.15】 对图 1.2.27 所示电路，用节点电压法求电流 I_1、I_2、I_3。

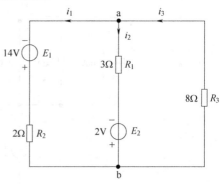

图 1.2.26　习题 2.14 电路图

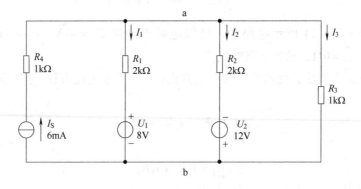

图 1.2.27　习题 2.15 电路图

解： 如图 1.2.27 所示，假设上端节点为 a，下端节点为 b。设 b 点为参考点，由节点电压公式得 $U_{ab} = \left[(6 + 8/2 - 12/2) / (1/2 + 1/2 + 1) \right] V = (4/2) V = 2V$，再由 $U_{ab} = I_1 R_1 + 8$，得 $I_1 = -3mA$。

同理，由 $U_{ab} = I_2 R_2 - 12 = I_3 R_3$，得 $I_2 = 7mA$，$I_3 = U_{ab} / R_3 = 2mA$。

注意：分析该题使用节点电压公式时，分母中不能加 $1/R_4$。

【2.16】 试用节点电压法求图 1.2.28 所示电路中的各支路电流。

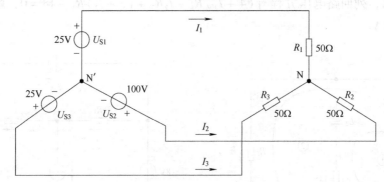

图 1.2.28　习题 2.16 电路图

解： 由图 1.2.28 可得 N'、N 之间的电压为

$$U_{NN'} = \frac{\dfrac{U_{S1}}{R_1} + \dfrac{U_{S2}}{R_2} + \dfrac{U_{S3}}{R_3}}{\dfrac{1}{R_1} + \dfrac{1}{R_2} + \dfrac{1}{R_3}} = \frac{\dfrac{25}{50} + \dfrac{100}{50} + \dfrac{25}{50}}{\dfrac{1}{50} + \dfrac{1}{50} + \dfrac{1}{50}} V = 50V$$

因此，各支路电流为

$$I_1 = \frac{U_{S1} - U_{NN'}}{R_1} = \frac{25 - 50}{50}A = -0.5A$$

$$I_2 = \frac{U_{S2} - U_{NN'}}{R_2} = \frac{100 - 50}{50}A = 1A$$

$$I_3 = \frac{U_{S3} - U_{NN'}}{R_3} = \frac{25 - 50}{50}A = -0.5A$$

【2.17】 用节点电压法求图 1.2.29 所示电路的节点电压。

解： 将 2A 电流源等效为电压源，则电路等效为如图 1.2.30a 所示，设 1 点到接地点间的电压为 u_1，利用节点电压公式有

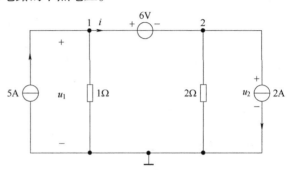

$$u_1 = \frac{\dfrac{6-4}{2} + 5}{1 + \dfrac{1}{2}} V = 4V$$

将 5A 电流源等效为电压源，则电路等效为如图 1.2.30b 所示，设 2 点到接地点间的电压为 u_2，利用节点电压公式有

图 1.2.29　习题 2.17 电路图

$$u_2 = \frac{\dfrac{5-6}{1} - 2}{1 + \dfrac{1}{2}} V = -2V$$

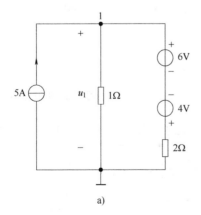

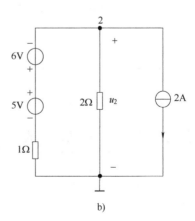

a)　　　　　　　　　　　　　　　b)

图 1.2.30　习题 2.17 题解图

【2.18】 用节点电压法求图 1.2.31 所示电路中恒流源两端的电压 U。

解： 设 a 点的电位为 V_a，b 点的电位为 0，c 点的电位为 V_c。

对 a 点列电流方程：

$$(V_a - 12V)/2k\Omega + V_a/4k\Omega = 1mA$$

解得

$$V_a = 28/3V$$

对 c 点列电流方程：

$$(12V - V_c)/2k\Omega - V_c/3k\Omega = 1mA$$

解得

$$V_c = 6V$$

所以 $U = V_a - V_c = 10/3V$。

【2.19】试用节点电压法求图 1.2.32 所示电路中的电流 I。

解： 利用节点电压法有

$$\frac{U_2 - U_1}{6} = \frac{U_3 - U_2}{6} + \frac{U_2 - 0}{6}$$

$$1 + \frac{U_3 - U_2}{6} = \frac{U_3 - 0}{4}$$

$$U_1 = 34V$$

$$I = \frac{U_3}{4}A$$

联立解方程得 $I = 1.5A$。

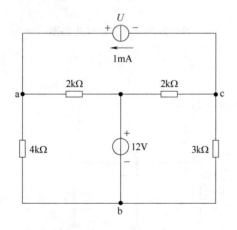

图 1.2.31 习题 2.18 电路图

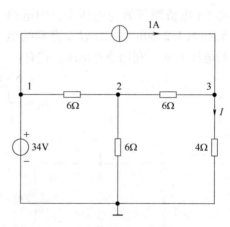

图 1.2.32 习题 2.19 电路图

【2.20】电路如图 1.2.33 所示，试用节点电压法求电压 U，并计算理想电流源的功率。

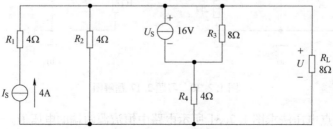

图 1.2.33 习题 2.20 电路图

解：图 1.2.33 中与电流源 I_S 串联的电阻 R_1 和与电压源 U_S 并联的电阻 R_3 对电压 U 没有影响，因此计算 U 时可以除去，即将 R_1 所在之处短接，R_3 所在之处断开，则

$$U = \frac{I_S + \dfrac{U_S}{R_4}}{\dfrac{1}{R_2} + \dfrac{1}{R_4} + \dfrac{1}{R_L}} = \frac{4 + \dfrac{16}{4}}{\dfrac{1}{4} + \dfrac{1}{4} + \dfrac{1}{8}} \text{V} = \frac{64}{5}\text{V} = 12.8\text{V}$$

计算理想电流源的功率时，电阻 R_1 应保留。如图 1.2.33 所示，I_S 两端电压为（$U + I_S R_1$），方向为上正下负，则

$$P_{I_S} = (U + I_S R_1)I_S = (12.8 + 4 \times 4) \times 4\text{W} = 115.2\text{W}$$

电流源 I_S 输出功率为 115.2W。

【2.21】 应用叠加定理求图 1.2.34 所示电路中的电流 I_x。

解：电路中的各电源单独作用时，分为以下几种情况。

A：当 20V 电压源单独作用时，电路如图 1.2.35 所示。

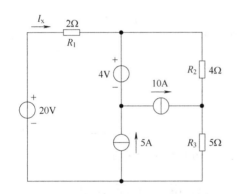

图 1.2.34 习题 2.21 电路图

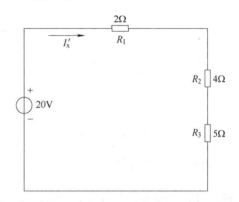

图 1.2.35 习题 2.21A 电路图

$$I_x' = U/(R_1 + R_2 + R_3) = 20/(2 + 4 + 5)\text{A} = 20/11\text{A}$$

B：当 4V 电压源单独作用时，此电路为开路。

C：当 10A 电流源单独作用时，电路如图 1.2.36 所示。

$$I_x'' = IR_2/(R_1 + R_2 + R_3) = 10 \times 4/(2 + 4 + 5)\text{A} = 40/11\text{A}$$

D：当 5A 电流源单独作用时，电路如图 1.2.37 所示。

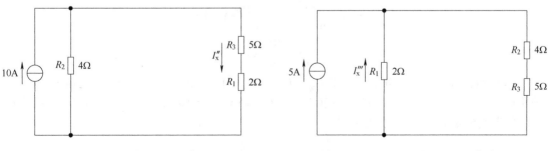

图 1.2.36 习题 2.21C 电路图   图 1.2.37 习题 2.21D 电路图

$$I_x''' = -I(R_2 + R_3)/(R_1 + R_2 + R_3) = -5 \times (4 + 5)/(2 + 4 + 5)\text{A} = -45/11\text{A}$$

综上：$I_x = I'_x + I''_x + I'''_x = 20/11\text{A} + 40/11\text{A} - 45/11\text{A} = 15/11\text{A}$

【2.22】 用叠加定理求图 1.2.38 所示电路中的电流 I_2。

解： U_S 单独作用时：
$$I'_2 = \frac{U_S}{R_1 + R_2} = \frac{20}{20 + 20}\text{A} = 0.5\text{A}$$

I_S 单独作用时：
$$I''_2 = -I_S \frac{R_1}{R_1 + R_2} = -1\text{A}$$

进行代数叠加得：
$$I_2 = I'_2 + I''_2 = -0.5\text{A}$$

【2.23】 在图 1.2.39 中，（1）当将开关 S 合在 a 点时，求电流 I_1、I_2 和 I_3；（2）当将开关 S 合在 b 点时，利用（1）的结果，用叠加定理计算电流 I_1、I_2 和 I_3。

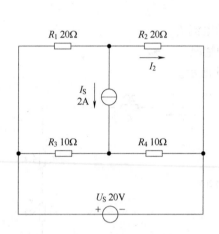

图 1.2.38 习题 2.22 电路图

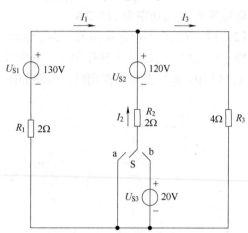

图 1.2.39 习题 2.23 电路图

解：（1）当将开关 S 合在 a 点时，设 a 点为参考点，由节点电压法可得

$$U = \frac{\dfrac{U_{S1}}{R_1} + \dfrac{U_{S2}}{R_2}}{\dfrac{1}{R_1} + \dfrac{1}{R_2} + \dfrac{1}{R_3}} = \frac{\dfrac{130}{2} + \dfrac{120}{2}}{\dfrac{1}{2} + \dfrac{1}{2} + \dfrac{1}{4}}\text{V} = 100\text{V}$$

则

$$I_1 = \frac{U_{S1} - U}{R_1} = \frac{130 - 100}{2}\text{A} = 15\text{A}$$

$$I_2 = \frac{U_{S2} - U}{R_2} = \frac{120 - 100}{2}\text{A} = 10\text{A}$$

$$I_3 = \frac{U}{R_3} = \frac{100}{4}\text{A} = 25\text{A}$$

（2）当将开关 S 合在 b 点时，由 U_{S1}、U_{S2} 和 U_{S3} 共同作用在各支路产生的电流 I_1、I_2、I_3 等于由（1）中 U_{S1} 和 U_{S2} 作用产生的电流分量 $I'_1 = 15\text{A}$、$I'_2 = 10\text{A}$、$I'_3 = 25\text{A}$ 与由 U_{S3} 单独作用产生的电流分量 I''_1、I''_2、I''_3 的叠加。即

$$U'' = \frac{\dfrac{U_{S3}}{R_2}}{\dfrac{1}{R_1} + \dfrac{1}{R_2} + \dfrac{1}{R_3}} = \frac{\dfrac{20}{2}}{\dfrac{1}{2} + \dfrac{1}{2} + \dfrac{1}{4}}\text{V} = 8\text{V}$$

则

$$I_1'' = \frac{U''}{R_1} = \frac{8}{2}\text{A} = 4\text{A}$$

$$I_2'' = \frac{U_{S3} - U''}{R_2} = \frac{20 - 8}{2}\text{A} = 6\text{A}$$

$$I_3'' = \frac{U''}{R_3} = \frac{8}{4}\text{A} = 2\text{A}$$

由叠加定理以及各电流的参考方向可得

$$I_1 = I_1' - I_1'' = (15 - 4)\text{A} = 11\text{A}$$
$$I_2 = I_2' + I_2'' = (10 + 6)\text{A} = 16\text{A}$$
$$I_3 = I_3' + I_3'' = (25 + 2)\text{A} = 27\text{A}$$

【2.24】 利用叠加定理求图 1.2.40 所示电路中的电压 U。

解： ① 电流源单独作用时（另两个电源都短路），有

$$U_1 = 10\text{A} \times 24/10\Omega = 24\text{V}$$

② 恒压源单独作用时（电流源断后的开口电压设为 U_2、电压源短路），$I_1 = 2\text{A}$，恒压源的电压为 20V，则

$$U_2 = 2\text{A} \times 4\Omega - 20\text{V} = -12\text{V}$$

③ 电压源单独作用时（电流源断后的开口电压设为 U_3、恒压源短路），有

$$U_3 = 20\text{V}/(4 + 6)\Omega \times 4\Omega = 8\text{V}$$

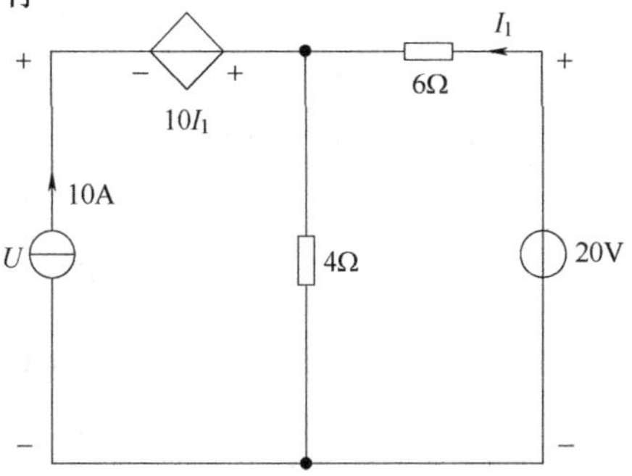

根据叠加定理得

图 1.2.40　习题 2.24 电路图

$$U = U_1 + U_2 + U_3 = 24\text{V} - 12\text{V} + 8\text{V} = 20\text{V}$$

【2.25】 在图 1.2.41 所示电路中，当电压源单独作用时，电阻 R_1 上消耗的功率为 18W。试问：（1）当电流源单独作用时，R_1 上消耗的功率为多少？（2）当电压源和电流源共同作用时，R_1 上消耗的功率为多少？（3）功率能否叠加？

解： 由电压源 U_S 单独作用时，R_1 上消耗的功率

$$P_{R_1}' = \left(\frac{U_S}{R_1 + R_2}\right)^2 R_1 = 18\text{W} \text{ 可知}$$

$$R_2 = 3\Omega$$

（1）当电流源 I_S 单独作用时，R_1 上消耗的功率为

$$P_{R_1}'' = \left(\frac{R_2}{R_1 + R_2}I_S\right)^2 R_1 = \left(\frac{3}{2 + 3} \times 5\right)^2 \times 2\text{W} = 18\text{W}$$

（2）当电压源 U_S 与电流源 I_S 共同作用时，R_1 上消耗的功率为

图 1.2.41　习题 2.25 电路图

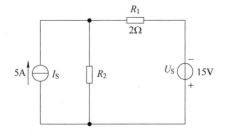

$$P = \left(\frac{U_S}{R_1 + R_2} + \frac{R_2}{R_1 + R_2}I_S\right)^2 R_1 = \left(\frac{15}{2 + 3} + \frac{3}{2 + 3} \times 5\right)^2 \times 2\text{W} = 72\text{W}$$

（3）显然，U_S、I_S 共同作用时 R_1 上消耗的功率不等于 U_S 与 I_S 分别单独作用时在 R_1 上消耗功率之和。功率不能进行叠加。

【**2.26**】应用叠加定理计算图 1.2.42 所示电路中各支路的电流和各元器件（电源和电阻）两端的电压，并说明功率平衡关系。

解：（1）求各支路电流和各元器件两端电压。当电压源单独作用时，有

$$I'_1 = 0$$

$$I'_2 = I'_4 = \frac{U_S}{R_2 + R_4} = \frac{10}{1+4}A = 2A$$

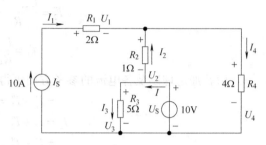

图 1.2.42 习题 2.26 电路图

$$I'_3 = \frac{U_S}{R_3} = \frac{10}{5}A = 2A$$

$$I' = I'_2 + I'_3 = (2+2)A = 4A$$

则

$$U'_1 = I'_1 R_1 = 0 \times 2V = 0V$$

$$U'_2 = I'_2 R_2 = 2 \times 1V = 2V$$

$$U'_3 = I'_3 R_3 = 2 \times 5V = 10V$$

$$U'_4 = I'_4 R_4 = 2 \times 4V = 8V$$

$$U' = -U'_2 + U'_3 = (-2+10)V = 8V$$

当电流源单独作用时，有

$$I''_1 = I_S = 10A$$

$$I''_2 = -\frac{R_4}{R_2 + R_4}I_S = -\frac{4}{1+4} \times 10A = -8A$$

$$I''_3 = 0 (R_3 \text{ 被短路})$$

$$I''_4 = \frac{R_2}{R_2 + R_4}I_S = \frac{1}{1+4} \times 10A = 2A$$

$$I'' = I''_2 + I''_3 = (-8+0)A = -8A$$

则

$$U''_1 = I''_1 R_1 = 10 \times 2V = 20V$$

$$U''_2 = I''_2 R_2 = -8 \times 1V = -8V$$

$$U''_3 = I''_3 R_3 = 0 \times 5V = 0V$$

$$U''_4 = I''_4 R_4 = 2 \times 4V = 8V$$

$$U'' = U''_1 + U''_4 = (20+8)V = 28V$$

当电压源和电流源共同作用时，由叠加定理可得

$$I_1 = I'_1 + I''_1 = (0+10)A = 10A$$

$$I_2 = I'_2 + I''_2 = [2+(-8)]A = -6A$$

$$I_3 = I'_3 + I''_3 = (2+0)A = 2A$$

$$I_4 = I'_4 + I''_4 = (2+2)A = 4A$$

$$I = I' + I'' = [4+(-8)]A = -4A$$

$$U_1 = U'_1 + U''_1 = (0+20)V = 20V$$

$$U_2 = U'_2 + U''_2 = [2+(-8)]V = -6V$$

$$U_3 = U'_3 + U''_3 = (10+0)V = 10V$$

$$U_4 = U'_4 + U''_4 = (8+8)V = 16V$$

$$U = U' + U'' = (8+28)V = 36V$$

（2）求各元器件的功率

电流源 I_S：$P_{I_S} = UI_S = 36 \times 10W = 360W（发出）$

电压源 U_S：$P_{U_S} = U_S I = 10 \times (-4)\text{W} = -40\text{W}$（发出 -40W，实为吸收 40W）

电阻 R_1：$P_{R_1} = I_1^2 R_1 = 10^2 \times 2\text{W} = 200\text{W}$（吸收）

电阻 R_2：$P_{R_2} = I_2^2 R_2 = (-6)^2 \times 1\text{W} = 36\text{W}$（吸收）

电阻 R_3：$P_{R_3} = I_3^2 R_3 = 2^2 \times 5\text{W} = 20\text{W}$（吸收）

电阻 R_4：$P_{R_4} = I_4^2 R_4 = 4^2 \times 4\text{W} = 64\text{W}$（吸收）

$$\sum P_{吸} = \sum P_{发}$$

功率平衡。

【2.27】对图 1.2.43 所示电路，用戴维南定理计算电流 I。已知 $U_S = 24\text{V}$，$I_S = 4\text{A}$，$R_1 = 6\Omega$，$R_2 = 3\Omega$，$R_3 = 4\Omega$，$R_4 = 2\Omega$。

解：

断开 R_4 求开路电压：$\quad U = I_S R_3 + \dfrac{U_S}{R_1 + R_2} \times R_2 = 4\text{A} \times 4\Omega + \dfrac{24}{9}\text{A} \times 3\Omega = 24\text{V}$

求等效电阻：$\qquad\qquad R = R_3 + \dfrac{R_2 R_1}{R_2 + R_1} = 4\Omega + 2\Omega = 6\Omega$

$$I = \frac{U}{R + R_4} = \frac{24}{8}\text{A} = 3\text{A}$$

【2.28】对图 1.2.44 所示电路，用戴维南定理计算恒流源 I_S 两端的电压 U_S。已知 $U_1 = 6\text{V}$，$I_S = 0.25\text{A}$，$R_1 = 60\Omega$，$R_2 = 40\Omega$，$R_3 = 40\Omega$，$R_4 = 20\Omega$，$R_5 = 60\Omega$。

解： ① 求等效电阻 R_0，该题中的 5 个电阻呈 △ 连接，需要进行 △-Ｙ 转换方能求出 $R_0 = 37\Omega$。

② 求开路电压 E_0，$\begin{cases} U_1 + I_1 R_5 + I_3 R_3 + I_3 R_1 = 0 \\ U_1 + I_1 R_5 + I_2 R_4 + I_2 R_2 = 0 \\ I_1 = I_2 + I_3 \\ E_0 = I_2 R_4 - I_3 R_3 \end{cases}$

可解出 $E_0 = \dfrac{2}{13}\text{V}$

③ 画出等效电路，求出 $U_S = I_S R_0 + E_0 = 9.4\text{V}$

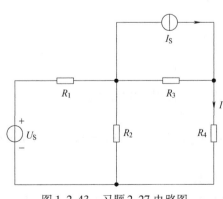

图 1.2.43　习题 2.27 电路图

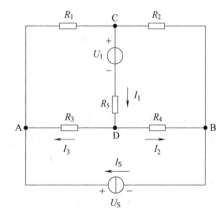

图 1.2.44　习题 2.28 电路图

【2.29】 在图 1.2.45 中，已知 $E_1 = 15\text{V}$，$E_2 = 13\text{V}$，$E_3 = 4\text{V}$，$R_1 = R_2 = R_3 = R_4 = 1\Omega$，$R_5 = 10\Omega$。（1）当开关 S 断开时，试求电阻 R_5 上的电压 U_5 和电流 I_5；（2）当开关 S 闭合后，试用戴维南定理计算 I_5。

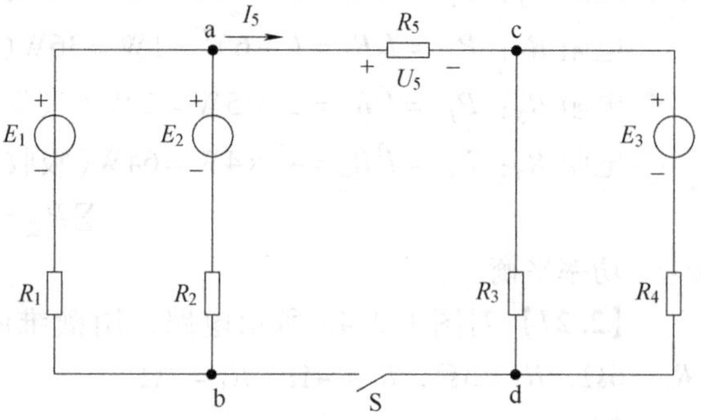

解：（1）当开关 S 断开时 $I_5 = 0$，故 $U_5 = I_5 R_5 = 0$。

（2）当开关 S 闭合时，a、c 两点间的开路电压 U_{aco} 为

$$U_{aco} = U_{abo} - U_{cdo}$$

$$= \frac{\dfrac{E_1}{R_1} + \dfrac{E_2}{R_2}}{\dfrac{1}{R_1} + \dfrac{1}{R_2}} - \frac{\dfrac{E_3}{R_3}}{\dfrac{1}{R_3} + \dfrac{1}{R_4}}$$

$$= \left(\frac{\dfrac{15}{1} + \dfrac{13}{1}}{\dfrac{1}{1} + \dfrac{1}{1}} - \frac{\dfrac{4}{1}}{\dfrac{1}{1} + \dfrac{1}{1}} \right)\text{V} = \left(\frac{28}{2} - \frac{4}{2} \right)\text{V} = 12\text{V}$$

图 1.2.45　习题 2.29 电路图

a、c 两点间除源后的等效电阻 R_{aco} 为

$$R_{aco} = (R_1 /\!/ R_2) + (R_3 /\!/ R_4) = \frac{R_1 R_2}{R_1 + R_2} + \frac{R_3 R_4}{R_3 + R_4} = \left(\frac{1 \times 1}{1 + 1} + \frac{1 \times 1}{1 + 1} \right)\Omega = 1\Omega$$

由戴维南定理可得

$$I_5 = \frac{U_{aco}}{R_{aco} + R_5} = \frac{12}{1 + 10}\text{A} = \frac{12}{11}\text{A} = 1.09\text{A}$$

【2.30】 对图 1.2.46 所示电路，用戴维南定理求电流 I。

解： 求出戴维南等效电路，首先求出等效电阻，再求出开路电压，即

$$R_0 = \frac{6 \times 10^3 \times 3 \times 10^3}{6 \times 10^3 + 3 \times 10^3}\Omega + 4 \times 10^3 \Omega = 6\text{k}\Omega$$

$$U_{ab} = \frac{\dfrac{3}{3000} - \dfrac{12}{6000}}{\dfrac{1}{3000} + \dfrac{1}{6000}}\text{V} + 2\text{V} - 4000\Omega \times 0.003\text{A} = -12\text{V}$$

则

$$I = \frac{U_{ab}}{R_0} = \frac{-12\text{V}}{6000\Omega} = -2\text{mA}$$

【2.31】 电路如图 1.2.47 所示，试用戴维南定理求电路中的电压 U_0。

解： ① 等效电阻 $R_0 = 3 \times 6/(3 + 6)\Omega = 2\Omega$。

② 等效电动势：$I = 9\text{V}/9\Omega = 1\text{A}$，受控电压源的电动势为 $6 \times 1\text{V} = 6\text{V}$，所以 $E = 6\text{V} + 3\text{V} = 9\text{V}$。

③ $I_0 = 9\text{V}/(2 + 3)\Omega = 1.8\text{A}$，$U_0 = 1.8\text{A} \times 3\Omega = 5.4\text{V}$。

【2.32】 用戴维南定理和诺顿定理分别计算图 1.2.48 所示桥式电路中电阻 R_1 上的电流。

解： ① 求戴维南等效电路的等效电源电压，由叠加定理得

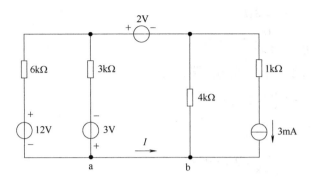

图 1.2.46　习题 2.30 电路图

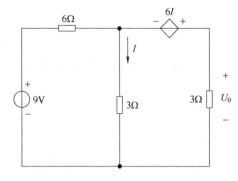

图 1.2.47　习题 2.31 电路图

$$U_{abo} = U - IR_2 = (10 - 2 \times 4)\text{V} = 2\text{V}$$

② 求诺顿等效电路的等效电流源电流，由叠加定理得

$$I_{abs} = U/R_2 - I = (10/4 - 2)\text{A} = 0.5\text{A}$$

③ a、b 两点间除源后的等效电阻为

$$R_{abo} = R_2 = 4\Omega$$

④ 由戴维南等效电路和诺顿等效电路，得

$$I_1 = \frac{U_{abo}}{R_{abo} + R_1} = \frac{2}{4 + 9}\text{A} = 0.154\text{A}$$

$$I_1 = \frac{R_{abo}}{R_{abo} + R_1}I_{abs} = \frac{4}{4 + 9} \times 0.5\text{A} = 0.154\text{A}$$

结果一致。

【2.33】电路如图 1.2.49 所示，试计算电阻 R_L 上的电流 I_L：（1）用戴维南定理；（2）用诺顿定理。

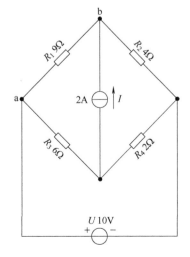

图 1.2.48　习题 2.32 电路图

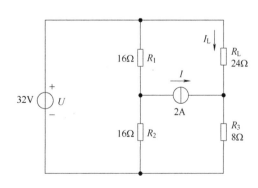

图 1.2.49　习题 2.33 电路图

解：（1）如图 1.2.50a 所示，应用戴维南定理，将 R_L 视为开路，则

$$E = U - IR_3 = (32 - 8 \times 2)\text{V} = 16\text{V}$$

$$R_0 = R_3 = 8\,\Omega$$

$$I_\mathrm{L} = \frac{E}{R_\mathrm{L} + R_0} = \frac{16}{24 + 8}\,\mathrm{A} = 0.5\,\mathrm{A}$$

（2）如图 1.2.50b 所示，应用诺顿定理，将 R_L 视为短路，则

$$I_\mathrm{S} = \frac{U}{R_3} - I = \left(\frac{32}{8} - 2\right)\mathrm{A} = 2\,\mathrm{A}$$

$$R_0 = R_3 = 8\,\Omega$$

$$I_\mathrm{L} = \frac{R_0}{R_\mathrm{L} + R_0}I_\mathrm{S} = \frac{8}{24 + 8} \times 2\,\mathrm{A} = 0.5\,\mathrm{A}$$

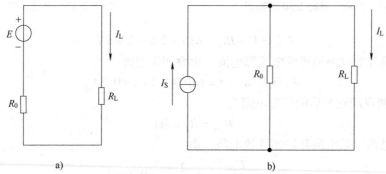

图 1.2.50　习题 2.33 题解图

第三章

电路的暂态分析

★助您快速理解、掌握重点难点

储能元件电感，它具有阻碍其中电流变化的性质（注意：阻碍的是电流的变化，当电流增大时会阻碍电流的增大，当电流减小时会阻碍电流的减小，但最终是阻止不了的，最终会达到一种稳定的状态。电感中的电流就好像一个螺旋水管中的水流一样，螺旋水管开始通水时对水流的增加具有阻碍作用，水流慢慢地增加到最大值，达到稳定通水时就像直管一样，结束通水时对水流的减小具有阻碍作用，水流慢慢地减小到零），这种阻碍的力量就是反电动势，电感两端的电压（反电动势）就取决于其中电流的变化率，常用公式为 $u_L(t) = L di_L(t)/dt$。

储能元件电容具有阻碍其两端电压变化的性质（电容两端电压无论是增加还是减小，都要有一个过程，也就是电容两个极板上电荷聚集（充电）或释放（放电）的过程，电荷移动的快慢就决定了电容中电流的大小，所以电容中的电流取决于其两端电压的变化率，常用公式为 $i_C(t) = C du_C/d(t)$）。

换路定则是分析电路暂态过程时用来确定初始值的，换路定则针对的是储能元件，指电容电压、电感电流在换路后的最初值一定等于换路前的最终值，这是物理世界中能量的变化具有连续性（不可能跳跃变化，就像一壶水，在开始加热后最初的温度一定等于加热前最末的温度一样，这壶水的热能（温度）的变化也一定是连续变化的）的体现。

（声明：原创内容，未经授权不得公开使用！）

重要知识点

- 理解电阻元件、电感元件、电容元件的特性
- 理解和掌握换路定则
- 理解 *RC* 和 *RL* 的零状态响应、零输入响应、全响应
- 掌握应用三要素法求解电路的暂态响应

本章总结

前面讨论的都是电阻元件电路，一旦接通或断开电源时，电路立即处于稳定状态。但当电路中含有电感或电容元件时，则不然。研究暂态过程的目的就是认识和掌握这种客观

存在的物理规律，既要充分利用暂态过程的特性，同时也必须预防它所产生的危害。

电阻是非储能元件，电感和电容是储能元件，只有含有电感或电容的电路发生换路的时候，才会发生暂态过程。求解暂态过程的有效方法是三要素法，通过求解三要素：初值、终值、时间常数，代入到通用表达式里得到相应的暂态响应。

习题解答

【3.1】 在直流稳态时，电感元件上（　　　）。

A. 有电流，有电压　　　　B. 有电流，无电压　　　　C. 无电流，有电压

解： 直流稳态时，电感元件电阻为 0，相当于短路，其上电压为 0，但有电流流过，电流大小由电感以外电路决定（由 $u_L = L di_L/dt$ 可知，直流稳态时 $u_L = 0$，但 i_L 不一定为 0）。故应选择 B。

【3.2】 在直流稳态时，电容元件上（　　　）。

A. 有电压，有电流　　　　B. 有电压，无电流　　　　C. 无电压，有电流

解： 直流稳态时，电容元件电阻为 ∞，相当于开路，其中电流为 0，但两端可以有电压，电压大小由电容以外电路决定（由 $i_C = C du_C/dt$ 可知，直流稳态时 $i_C = 0$，但 u_C 不定为 0）。故应选择 B。

【3.3】 在图 1.3.1 中，电流源 $I_S = 1A$，开关 S 闭合前电路已处于稳态，试问闭合开关 S 的瞬间，$u_L(0_+)$ 等于（　　　）。

A. 0V　　　　B. 100V　　　　C. 63.2V

解： S 闭合前电路已处于稳态，即 $i_L(0_-) = 0$，则 $i_L(0_+) = i_L(0_-) = 0$，闭合 S 瞬间 L 两端电压 $u_L(0_+) = I_S R = 1 \times 100V = 100V$。故应选择 B。

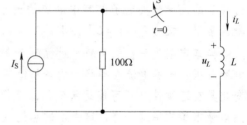

图 1.3.1　习题 3.3 电路图

【3.4】 在图 1.3.2 中，开关 S 闭合前电路已处于稳态，试问闭合开关 S 的瞬间，初始值 $i_L(0_+)$ 和 $i(0_+)$ 分别为（　　　）。

A. 0A，1.5A　　　　B. 3A，3A　　　　C. 3A，1.5A

解： 开关 S 闭合前电路已处于稳态，则由换路定则有 $i_L(0_+) = i_L(0_-) = U_S/R_1 = (6/2)A = 3A$。

又

$$i_L(\infty) = U_S/R_1 = (6/2)A = 3A$$

$$\tau = L/(R_1 /\!/ R_2)$$

则

$$i_L(t) = i_L(\infty) + [\,i_L(0_+) - i_L(\infty)\,] e^{-t/\tau}$$
$$= [\,3 + (3-3) e^{-t/\tau}\,]A = 3A$$

而

$$u_L(t) = L di_L(t)/dt = 0$$

所以 $i(0_+) = (U_S + u_L(0_+))/R_1 = (6-0)V/2\Omega = 3A$，故应选择 B。

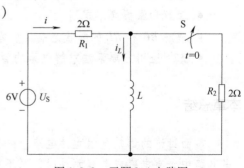

图 1.3.2　习题 3.4 电路图

【3.5】 在图1.3.3中，开关S闭合前电路已处于稳态，试问闭合开关S的瞬间，初始值 $i(0_+)$ 为（　　）。

A. 1A　　　　　　　B. 0.8A　　　　　　　C. 0A

解：
$$i_L(0_+) = i_L(0_-) = I_S = 1A$$
$$t = 0_+ \text{时}，i_L(0_+) + i(0_+) = I_S$$
$$i(0_+) = I_S - i_L(0_+) = (1-1)A = 0A$$

故应选择 C。

【3.6】 在图1.3.4中，开关S闭合前电容元件和电感元件均未储能，试问闭合开关瞬间发生跃变的是（　　）。

A. i 和 i_1　　　　　　　B. i 和 i_3　　　　　　　C. i_2 和 u_C

解： 开关S闭合前 L、C 均未储能，则 $i_L(0_-) = 0$，$u_C(0_-) = 0$，且 $i_1(0_-) = 0$，$i_2(0_-) = i_L(0_-) = 0$，$i_3(0_-) = 0$，$i(0_-) = 0$。

闭合开关S瞬间（即 $t = 0_+$ 时），$i_2(0_+) = i_L(0_+) = i_L(0_-) = 0$，$u_C(0_+) = u_C(0_-) = 0$，$i_3(0_+) = U/R_3$，$i_L(0_+) = 0$，$i(0_+) = (U - u_C(0_+))/R_3 = (U-0)/R_3 = U/R_3$。

故应选择 B。

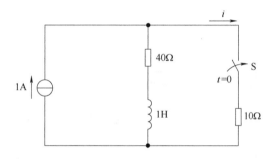

图1.3.3　习题3.5电路图

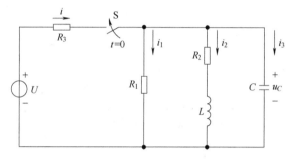

图1.3.4　习题3.6电路图

【3.7】 在电路的暂态过程中，电路的时间常数 τ 愈大，则电流和电压的增长或衰减就（　　）。

A. 愈快　　　　　　　B. 愈慢　　　　　　　C. 无影响

解： 应选择 B。

【3.8】 电路的暂态过程从 $t = 0$ 开始大致经过（　　）时间，就可认为到达稳定状态了。

A. τ　　　　　　　B. $(3 \sim 5)\tau$　　　　　　　C. 10τ

解： 电路的暂态过程从 $t = 0$ 开始经过 $(3 \sim 5)\tau$ 后可认为基本结束，故应选择 B。

【3.9】 RL 串联电路的时间常数 τ 为（　　）。

A. RL　　　　　　　B. $\dfrac{L}{R}$　　　　　　　C. $\dfrac{R}{L}$

解： RL 串联电路的时间常数为 $\tau = L/R$，故应选择 B。

【3.10】 在图1.3.5所示电路中，开关S闭合前电路已处于稳态。当开关闭合后，（　　）。

A. i_1、i_2、i_3 均不变

B. i_1 不变，i_2 增长为 i_1，i_3 衰减为零

C. i_1 增长，i_2 增长，i_3 不变

解： 开关 S 闭合前电路已处于稳态，则 $i_1(0_-) = i_3(0_-) = I, i_2(0_-) = 0$。

由换路定则有 $i_1(0_+) = i_1(0_-) = I, i_2(0_+) = i_2(0_-) = 0, i_3(0_+) = I - i_2(0_-) = I - 0 = I, i_1(\infty) = i_2(\infty) = I, i_3(\infty) = 0$。

故应选择 B。

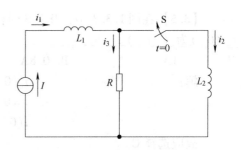

图 1.3.5　习题 3.10 电路图

【3.11】 图 1.3.6 所示各电路在换路前都处于稳态，试求换路后电流 i 的初始值 $i(0_+)$ 和稳态值 $i(\infty)$。

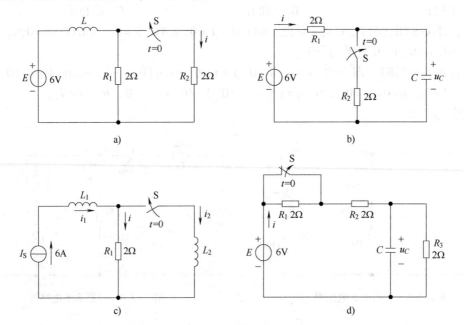

图 1.3.6　习题 3.11 电路图

解： 图 1.3.6a 所示电路中，有
$$i_L(0_+) = i_L(0_-) = E/R_1 = (6/2)A = 3A$$
$$i(0_+) = R_1/(R_1 + R_2)i_L(0_+) = 1.5A$$
$$i(\infty) = E/R_2 = (6/2)A = 3A$$

图 1.3.6b 所示电路中，有
$$u_C(0_+) = u_C(0_-) = 6V$$
$$i(0_+) = (E - u_C(0_+))/R_1 = 0$$
$$i(\infty) = E/(R_1 + R_2) = 1.5A$$

图 1.3.6c 所示电路中，有
$$I_1(0_+) = i_1(0_-) = I_S = 6A$$
$$i_2(0_+) = i_2(0_-) = 0$$
$$i(0_+) = i_1(0_+) - i_2(0_+) = (6 - 0)A = 6A$$

$$i(\infty)=0$$

图1.3.6d所示电路中，有

$$u_C(0_+)=u_C(0_-)=R_3E/(R_2+R_3)=3\text{V}$$
$$i(0_+)=(E-u_C(0_+))/(R_1+R_2)=0.75\text{A}$$
$$i(\infty)=E/(R_1+R_2+R_3)=1\text{A}$$

【3.12】 在图1.3.7所示电路中，$u_C(0_-)=0$。试求：（1）$t\geqslant0$ 时的 u_C 和 i；（2）u_C 达到5V所需的时间。

解：（1）由换路定则得

$$u_C(0_+)=u_C(0_-)=0$$
$$u_C(\infty)=U_S=10\text{V}$$
$$\tau=RC=10\times1\times10^{-6}\text{s}=10^{-5}\text{s}$$

图1.3.7　习题3.12电路图

带入三要素法公式，得

$$\begin{aligned}u_C&=u_C(\infty)+[u_C(0_+)-u_C(\infty)]e^{\frac{-t}{\tau}}\\&=[10+(0-10)e^{-\frac{t}{10^{-5}}}]\text{V}\\&=(10-10e^{-10^{-5}})\text{V}\end{aligned}$$

则

$$i=C\frac{\mathrm{d}u_C}{\mathrm{d}t}=1\times10^{-6}\times(-10)\times(-10^{-5})e^{-10^5t}\text{A}=e^{-10^5t}\text{A}$$

（2）设到达5V所需要的时间为 t'，则

$$5=10-e^{-10^5t'}$$

解得

$$t'=\frac{\ln0.5}{-10^5}\text{s}=6.93\times10^{-6}\text{s}$$

即 u_C 由0到5V所需的时间为 6.93×10^{-6}s。

【3.13】 在图1.3.8中，$U=20\text{V}$，$R_1=12\text{k}\Omega$，$R_2=6\text{k}\Omega$，$C_1=10\mu\text{F}$，$C_2=20\mu\text{F}$，电容元件原先均未储能。当开关闭合后，试求两串联电容元件两端的电压 u_C。

解： C_1 与 C_2 串联后的等效电容为

$$C=\frac{C_1C_2}{C_1+C_2}=\frac{10\times20}{10+20}\mu\text{F}=6.67\mu\text{F}$$

确定初始值 $u_C(0_+)$：

$u_C(0_+)=u_C(0_-)=0$（电容原先未储能）

确定终了值 $u_C(\infty)$：

$$u_C(\infty)=U$$

图1.3.8　习题3.13电路图

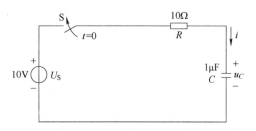

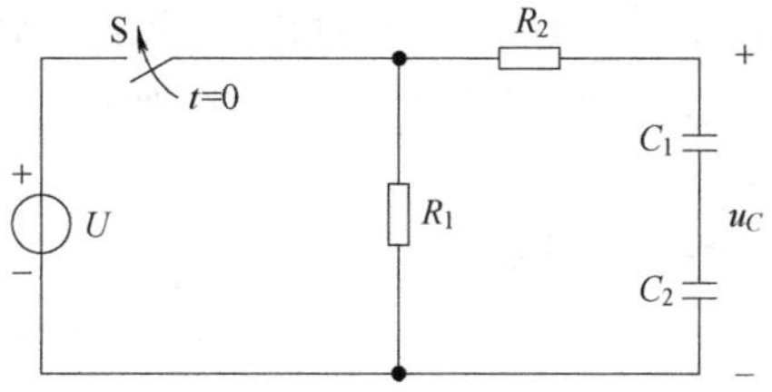

确定时间常数 τ：

$$\tau=R_2C=0.04\text{s}$$

由三要素法确定 u_C：

$$\begin{aligned}u_C&=u_C(\infty)+[u_C(0_+)-u_C(\infty)]e^{\frac{-t}{\tau}}\\&=u_C(\infty)(1-e^{\frac{-t}{\tau}})=U(1-e^{\frac{-t}{0.04}})=20(1-e^{-25t})(t\geqslant0)\end{aligned}$$

本题中 $t=0$ 时 S 闭合，闭合前电容 C 无初始储能，对 u_C 来说其变化过程实际为零状态响应，因此求得 $u_C(\infty)$ 后也可直接用零状态响应表达式 $u_C = u_C(\infty)(1 - \mathrm{e}^{\frac{-t}{\tau}})$。

【3.14】 在图 1.3.9 中，$I = 10\mathrm{mA}$，$R_1 = 3\mathrm{k\Omega}$，$R_2 = 3\mathrm{k\Omega}$，$R_3 = 6\mathrm{k\Omega}$，$C = 2\mu\mathrm{F}$。在开关 S 闭合前电路已处于稳态，求在 $t \geq 0$ 时的 u_C 和 i_1。

解：（1）求初始值 $u_C(0_+)$ 和 $i_1(0_+)$

由 $t = 0_-$ 时的电路得

$$u_C(0_-) = IR_3 = 10 \times 6\mathrm{V} = 60\mathrm{V}$$

由换路定则得

$$u_C(0_+) = u_C(0_-) = 60\mathrm{V}$$

由 $t = 0_+$ 时的电路得

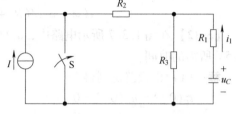

图 1.3.9 习题 3.14 电路图

$$i_1(0_+) = \frac{u_C(0_+)}{(R_1 /\!/ R_3) + R_1} = \frac{60}{\dfrac{3 \times 6}{3 + 6} + 3}\mathrm{mA} = 12\mathrm{mA}$$

（2）求终了值（稳态值）$u_C(\infty)$ 和 $i_1(\infty)$

由 $t = \infty$ 时的电路得

$$u_C(\infty) = 0$$

$$i_1(\infty) = 0$$

（3）求时间常数 τ

$$\tau = \left[R_1 + (R_2 /\!/ R_3)\right]C = \left(3 \times 10^3 + \frac{3 + 10^3 \times 6 \times 10^3}{3 \times 10^3 + 6 \times 10^3}\right) \times 2 \times 10^{-6}\mathrm{s} = 10 \times 10^{-3}\mathrm{s} = 10\mathrm{ms}$$

（4）由三要素法求 $t \geq 0$ 时的 u_C、i_1

$$u_C = u_C(\infty) + \left[u_C(0_+) - u_C(\infty)\right]\mathrm{e}^{\frac{-t}{\tau}}$$
$$= u_C(0_+)\mathrm{e}^{\frac{-t}{\tau}} = 60\mathrm{e}^{-100t}\mathrm{V}$$

$$i_1 = i_1(\infty) + \left[i_1(0_+) - i_1(\infty)\right]\mathrm{e}^{\frac{-t}{\tau}}$$
$$= i_1(0_+)\mathrm{e}^{\frac{-t}{\tau}} = 12\mathrm{e}^{-100t}\mathrm{mA}$$

本题中 $t=0$ 时 S 闭合，电流源被短接掉，对 u_C 来讲其变化过程实际为零输入响应，因此在求得 $u_C(0_+)$ 后可直接用零输入响应的表达式 $u_C = u_C(0_+)\mathrm{e}^{-t/\tau}$，进而求出 $i_1 = C\mathrm{d}u_C/\mathrm{d}t$。

【3.15】 电路如图 1.3.10 所示，在开关闭合前电路已处于稳态，求开关闭合后的电压 u_C。

解： 由换路定则得

$$u_C(0_+) = u_C(0_-) = I_S R_1 = 9 \times 10^{-3} \times 6 \times 10^3\mathrm{V} = 54\mathrm{V}$$

$$u_C(\infty) = I_S(R_1 /\!/ R_2) = 9 \times 10^{-3} \times \frac{6 \times 3}{6 + 3} \times 10^3\mathrm{V} = 18\mathrm{V}$$

$$\tau = (R_1 /\!/ R_2)C = \frac{6 \times 3}{6 + 3} \times 10^3 \times 2 \times 10^{-6}\mathrm{s} = 0.004\mathrm{s} = 4\mathrm{ms}$$

根据三要素法，$t \geq 0$ 时有

$$u_C = u_C(\infty) + \left[u_C(0_+) - u_C(\infty)\right]\mathrm{e}^{\frac{-t}{\tau}}$$
$$= (18 + 36\mathrm{e}^{-250t})\mathrm{V}$$

本题中 $t=0$ 时 S 闭合，换路前电容器 C 有初始储能为非零状态，换路后电路中有电源激励为非零输入，因此 u_C 的变化过程是两者共同作用下的全响应，所以可以在求得 $u_C(0_+)$ 和 $u_C(\infty)$ 后直接利用全响应表达式 $u_C = u_C(0_+)e^{\frac{-t}{\tau}} + u_C(\infty)(1-e^{\frac{-t}{\tau}})$ 求得最后结果。

【3.16】电路如图 1.3.11 所示，$u_C(0_-)=U_0=40\text{V}$，试问闭合开关 S 后需多长时间 u_C 才能增长到 80V?

解： 由换路定则得

$$u_C=(0_+)=u_C(0_-)=U_0=40\text{V}$$

$$u_C(\infty)=U_\text{S}=120\text{V}$$

$$\tau=RC=2\times10^3\times0.5\times10^{-6}\text{s}=10^{-3}\text{s}$$

则

$$u_C(t)=u_C(\infty)+\left[u_C(0_+)-u_C(\infty)\right]e^{\frac{-t}{\tau}}$$

$$=\left[120+(40-120)e^{\frac{-t}{10^{-3}}}\right]\text{V}$$

$$=(120-80e^{-1000t})\text{V}\ (t\geqslant0)$$

设开关 S 闭合后经过 t' 长时间 u_C 增长到 80V，则有

$$80=120-80e^{-1000t}$$

解得

$$t'=\frac{\ln0.5}{-1000}\text{s}=0.693\text{ms}$$

即开关 S 闭合 0.693ms，u_C 才能由 40V 增长到 80V。

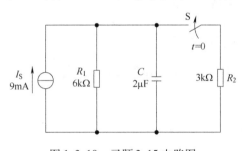

图 1.3.10　习题 3.15 电路图

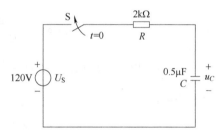

图 1.3.11　习题 3.16 电路图

【3.17】电路如图 1.3.12 所示，$u_C(0_-)=10\text{V}$，试求 $t\geqslant0$ 时的 u_C 和 U_0，并画出它们的变化曲线。

解：

$$u_C(0_+)=u_C(0_-)=10\text{V}$$

$$u_C(\infty)=\frac{R_1}{R_1+R_2}U_\text{S}$$

$$=\frac{100}{100+100}\times100\text{V}$$

$$=50\text{V}$$

$$\tau=RC=(R_1/\!/R_2)C$$

$$=\frac{100\times100}{100+100}\times2\times10^{-6}\text{s}=10^{-4}\text{s}$$

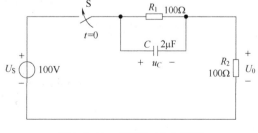

图 1.3.12　习题 3.17 电路图

$$u_C(t) = u_C(\infty) + \left[u_C(0_+) - u_C(\infty)\right]e^{\frac{-t}{\tau}}$$

$$= \left[50 + (10 - 50)e^{\frac{-t}{10^{-4}}}\right]V$$

$$= (50 - 40e^{-10^4 t})V \, (t \geqslant 0)$$

$$u_0(t) = U_S - u_C(t) = \left[100 - (50 - 40e^{-10^4 t})\right]V = (50 + 40e^{-10^4 t})V \, (t \geqslant 0)$$

图略。

【3.18】 在图 1.3.13a 所示的电路中，u 为一阶跃电压，如图 1.3.13b 所示，试求 i_3 和 u_C。设 $u_C(0_-) = 1V$。

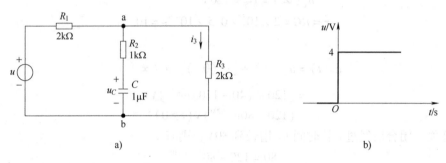

图 1.3.13 习题 3.18 电路图

解： 本题可通过三要素法求解。电压 u 在 $t = 0$ 的阶跃变化即为电路的换路。

（1）先求 u_C

$$u_C(0_+) = u_C(0_-) = 1V（已知）$$

$$u_C(\infty) = \frac{R_3}{R_1 + R_3}u = \frac{2}{2+2} \times 4V = 2V$$

$$\tau = RC = (R_2 + R_1 /\!/ R_3)C = \left(1 + \frac{2 \times 2}{2+2}\right) \times 10^3 \times 1 \times 10^{-6}s = 2 \times 10^{-3}s$$

由三要素法可得

$$u_C = u_C(\infty) + \left[u_C(0_+) - u_C(\infty)\right]e^{\frac{-t}{\tau}}$$

$$= \left[2 + (1-2)e^{\frac{-t}{2 \times 10^{-3}}}\right]V = (2 - e^{-500t})V$$

（2）再求 i_3

$$i_3(0_+) = \frac{u_{ab}(0_+)}{R_3}$$

$u_{ab}(0_+)$ 可通过节点电压法求出，即

$$u_{ab}(0_+) = \frac{\dfrac{u}{R_1} + \dfrac{u_C(0_+)}{R_2}}{\dfrac{1}{R_1} + \dfrac{1}{R_2} + \dfrac{1}{R_3}} = \frac{3}{2}V$$

则

$$i_3(0_+) = \frac{u_{ab}(0_+)}{R_3} = \frac{3}{4}mA$$

又

$$i_3(\infty) = \frac{u}{R_1 + R_2} = \frac{4}{2 + 2}\text{mA} = 1\text{mA}$$

故由三要素法得

$$i_3 = i_3(\infty) + [i_3(0_+) - i_3(\infty)]e^{\frac{-t}{\tau}}$$

$$= [1 + (0.75 - 1)e^{-500t}]\text{mA} = (1 - 0.25e^{-500t})\text{mA}$$

本题中 i_3 可看作是电压源 u 和电容电压 u_C 共同作用的结果，因此应用叠加定理即可求得

$$i_3 = \frac{u}{R_1 + R_2 /\!/ R_3} \times \frac{R_2}{R_2 + R_3} + \frac{u_C}{R_2 + (R_1 /\!/ R_3)} \times \frac{R_1}{R_1 + R_3}$$

本题中 i_3 亦可通过列写电路右侧回路的基尔霍夫电压定律方程直接求出，即通过将 (1) 中求出的 u_C 代入上式整理即得 i_3。

【3.19】电路如图 1.3.14 所示，换路前已处于稳态，试求换路后（$t \geq 0$）的 u_C。

解:（1）确定初始值 $u_C(0_+)$

$$u_C(0_+) = u_C(0_-) = I_S R_3 - U_S$$

$$= (1 \times 10^{-3} \times 20 \times 10^3 - 10)\text{V}$$

$$= 10\text{V}$$

（2）确定终了值 $u_C(\infty)$

$$u_C(\infty) = \left(\frac{R_1}{R_1 + R_2 + R_3} I_S\right) R_3 - U_S$$

$$= \left(\frac{10}{10 + 10 + 20} \times 1 \times 10^{-3} \times 20 \times 10^3 - 10\right)\text{V}$$

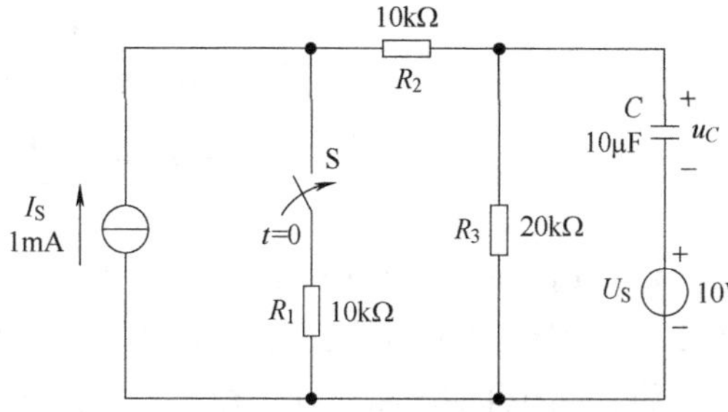

图 1.3.14 习题 3.19 电路图

$$= -5\text{V}$$

（3）确定时间常数 τ

$$\tau = [(R_1 + R_2) /\!/ R_3]C = \frac{(10 + 10) \times 20}{(10 + 10) + 20} \times 10 \times 10^{-6}\text{s} = 0.1\text{s}$$

（4）由三要素法求 u_C

$$u_C = u_C(\infty) + [_C(0_+) - u_C(\infty)]e^{\frac{-t}{\tau}}$$

$$= [-5 + (10 - (-5))]e^{\frac{-t}{0.1}}\text{V} = (-5 + 15e^{-10t})\text{V}$$

【3.20】有一 RC 电路（见图 1.3.15a），其输入电压如图 1.3.15b 所示，设脉冲宽度 $T = RC$。试求负脉冲的幅度 U_- 等于多大才能在 $t = 2T$ 时使 $u_C = 0$，设 $u_C(0) = 0$。

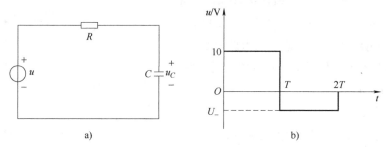

a)   b)

图 1.3.15 习题 3.20 电路图

解： 此题的暂态过程分为充电与放电两个阶段。

在充电阶段，即 $0 \leqslant t \leqslant T$ 期间，u_C 的初始值 $u_C(0_+) = 0$，稳态值 $u_C(\infty) = 10\text{V}$，时间常数 $\tau = RC$。由三要素法可求得

$$u_C = u_C(\infty) + [u_C(0_+) - u_C(\infty)]e^{\frac{-t}{\tau}}$$

$$= u_C(\infty)[1 - e^{\frac{-t}{\tau}}] = 10(1 - e^{\frac{-t}{RC}})\text{V}$$

当 $t = T = RC = \tau$ 时，有

$$u_C(T) = 10(1 - e^{-1})\text{V} = 6.32\text{V}$$

在放电阶段，即题中 $T \leqslant t \leqslant 2T$ 期间，u_C 的初始值为 $u_C(T)$，稳态值为 U_-，时间常数仍为 $\tau = RC$。由三要素法可得

$$u_C(t) = U_- + [u_C(T) - U_-]e^{\frac{-t+T}{RC}} \quad (t \geqslant T)$$

由题意 $t = 2T$ 时，$u_C(2T) = 0$，则

$$0 = U_- + [u_C(T) - U_-]e^{\frac{-2T+T}{T}}$$

$$U_-(1 - e^{-1}) = -u_C(T)e^{-1}$$

$$U_- = \frac{-u_C(T)e^{-1}}{1 - e^{-1}} = -\frac{6.32e^{-1}}{1 - e^{-1}}\text{V} = -3.68\text{V}$$

【3.21】 在图 1.3.16 所示电路中，$U_1 = 24\text{V}$，$U_2 = 20\text{V}$，$R_1 = 60\Omega$，$R_2 = 120\Omega$，$R_3 = 40\Omega$，$L = 4\text{H}$。换路前电路已处于稳态，试求换路后的电流 i_L。

解： S 闭合前电路已处于稳态，则由换路定则得

$$i_L(0_+) = i_L(0_-) = \frac{U_2}{R_3} = \frac{20}{40}\text{A} = 0.5\text{A}$$

$$i_L(\infty) = \frac{U_1}{R_1} + \frac{U_2}{R_2} = \left(\frac{24}{60} + \frac{20}{40}\right)\text{A} = 0.9\text{A}$$

$$\tau = \frac{L}{R} = \frac{L}{(R_1 /\!/ R_2 /\!/ R_3)} = \frac{4}{\dfrac{1}{\dfrac{1}{60} + \dfrac{1}{120} + \dfrac{1}{40}}}\text{s} = 0.2\text{s}$$

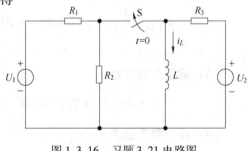

图 1.3.16　习题 3.21 电路图

根据三要素法得

$$i_L(t) = i_L(\infty) + [i_L(0_+) - i_L(\infty)]e^{\frac{-t}{\tau}}$$

$$= [0.9 + (0.5 - 0.9)e^{-5t}]\text{A}$$

$$= (0.9 - 0.4e^{-5t})\text{A}$$

【3.22】 在图 1.3.17 所示电路中，$U = 15\text{V}$，$R_1 = R_2 = R_3 = 30\Omega$，$L = 2\text{H}$。换路前电路已处于稳态，试求当开关 S 从位置 1 合到位置 2 后($t \geqslant 0$)的电流 i_L、i_2、i_3。

解： 由换路定则可知

$$i_L(0_+) = i_L(0_-) = \frac{U}{R_2} = \frac{15}{30}\text{A} = 0.5\text{A}$$

$$i_L(\infty) = 0$$

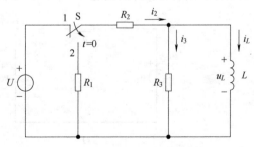

图 1.3.17　习题 3.22 电路图

$$\tau = \frac{L}{(R_1 + R_2) /\!/ R_3} = \frac{2}{\dfrac{(30 + 30) \times 30}{30 + 30 + 30}}\text{s} = \frac{2}{20}\text{s} = 0.1\text{s}$$

则当 $t \geqslant 0$ 时，有

$$i_L(t) = i_L(\infty) + [i_L(0_+) - i_L(\infty)]\mathrm{e}^{\frac{-t}{\tau}} = 0.5\mathrm{e}^{-10t}\text{A}$$

$$u_L(t) = L\frac{\mathrm{d}i_L(t)}{\mathrm{d}t} = 2 \times 0.5 \times (-10) \times \mathrm{e}^{-10t}\text{V} = -10\mathrm{e}^{-10t}\text{V}$$

$$i_3(t) = \frac{u_L(t)}{R_3} = \frac{-10\mathrm{e}^{-10t}}{30}\text{A} = -\frac{1}{3}\mathrm{e}^{-10t}\text{A} = -0.333\mathrm{e}^{-10t}\text{A}$$

$$i_2(t) = \frac{-u_L(t)}{R_1 + R_2} = -\frac{-10\mathrm{e}^{-10t}}{30 + 30}\text{A} = \frac{1}{6}\mathrm{e}^{-10t}\text{A} = 0.167\mathrm{e}^{-10t}\text{A}$$

【3.23】 电路如图 1.3.18 所示，试用三要素法求 $t \geqslant 0$ 时的 i_1、i_2 及 i_L。换路前电路处于稳态。

解：（1）求初始值（$t = 0_+$）

由换路定则得

$$i_L(0_+) = i_L(0_-) = \frac{U_{S1}}{R_1} = \frac{12}{6}\text{A} = 2\text{A}$$

由基尔霍夫电流定律和电压定律得

$$\begin{cases} i_1(0_+) + i_2(0_+) = i_L(0_+) \\ R_1 i_1(0_+) - R_2 i_2(0_+) = U_{S1} - U_{S2} \end{cases}$$

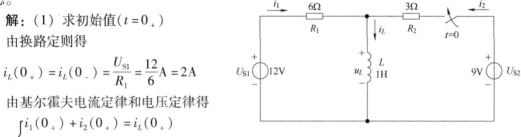

图 1.3.18　习题 3.23 电路图

代入已知参数联立求解得

$$i_1(0_+) = i_2(0_+) = 1\text{A}$$

（2）求稳态值（$t = \infty$）

稳态时 L 相当于短路，故

$$i_1(\infty) = \frac{U_{S1}}{R_1} = \frac{12}{6}\text{A} = 2\text{A}$$

$$i_2(\infty) = \frac{U_{S2}}{R_2} = \frac{9}{3}\text{A} = 3\text{A}$$

$$i_L(\infty) = i_1(\infty) + i_2(\infty) = (2 + 3)\text{A} = 5\text{A}$$

（3）求电路暂态过程的时间常数

$$\tau = \frac{L}{R} = \frac{L}{R_1 /\!/ R_2} = \frac{1}{\dfrac{6 \times 3}{6 + 3}}\text{s} = \frac{1}{2}\text{s}$$

（4）根据三要素法求 i_L、i_1、i_2

$$i_L(t) = i_L(\infty) + [i_L(0_+) - i_L(\infty)]\mathrm{e}^{\frac{-t}{\tau}} = [5 + (2 - 5)\mathrm{e}^{-2t}]\text{A} = (5 - 3\mathrm{e}^{-2t})\text{A}$$

$$i_1(t) = i_1(\infty) + [i_1(0_+) - i_1(\infty)]\mathrm{e}^{\frac{-t}{\tau}} = [2 + (1 - 2)\mathrm{e}^{-2t}]\text{A} = (2 - \mathrm{e}^{-2t})\text{A}$$

$$i_2(t) = i_2(\infty) + [i_2(0_+) - i_2(\infty)]\mathrm{e}^{\frac{-t}{\tau}} = [3 + (1 - 3)\mathrm{e}^{-2t}]\text{A} = (3 - 2\mathrm{e}^{-2t})\text{A}$$

本题也可以先求出 $i_L(t)$，然后确定 $u_L(t)$，即

$$u_L(t) = L\frac{\mathrm{d}i_L(t)}{\mathrm{d}t}$$

则

$$i_1(t) = \frac{U_{S1} - u_L(t)}{R_1}$$

$$i_2(t) = \frac{U_{S2} - u_L(t)}{R_2}$$

可求出同样的结果。

▶ 第四章

正弦交流电路

★助您快速理解、掌握重点难点

学好本章的关键是对相量的认识，它承上启下。引入相量的目的，是为了把直流电路中的基本定律、定理、分析方法，可以统一运用到更复杂的正弦交流电路中。相量是用复数表示的正弦量，要注意理解这里<u>表示</u>二字，无论是相量还是复数，都不等于正弦量，因为一个正弦量是随时间变化的即时量，而复数则是复平面上的一个有向线段。

分析研究正弦交流电路，有很多公式和关系难以掌握，我们可以通过记忆三个相似三角形轻松掌握本章的所有公式和它们之间的复杂关系：以电路总电压 U 为斜边，以电阻元件分电压 U_R 为邻边，以电感电容分电压的相量和 U_X 为对边构成电压三角形，斜边邻边夹角就是电路总电压和总电流的相位差，也就是功率因数角。将电压三角形的三边有效值同除以 I 得到阻抗三角形，将电压三角形的三边有效值同乘以 I 得到功率三角形。根据这三个相似三角形各边长和各角度之间的三角关系，可以轻松解决所有 RLC 串联正弦交流电路的关系问题！

（声明：原创内容，未经授权不得公开使用！）

重要知识点

- 理解正弦交流电的三要素、相位差、有效值和相量表示法
- 理解电路基本定律的相量形式和相量图，掌握用相量法分析简单正弦交流电路
- 了解正弦交流电路瞬时功率的概念，理解和掌握有功功率和功率因数的概念和计算
- 了解无功功率和视在功率的概念，了解提高功率因数的方法和实际意义
- 了解串联谐振和并联谐振的概念和意义

本章总结

交流电的大小和方向随时间不断变化。交流电路具有用直流电路的概念无法理解和无法分析的物理现象，因此，在学习时必须牢固地建立交流电路的基本概念，否则容易引起错误。

交流电路的分析计算比直流电路复杂得多，在这一章里，首先介绍正弦量的相量表示

法，其次介绍单一元件交流电路中电压/电流大小、相位和功率的分析计算，再其次介绍复杂正弦交流电路电压/电流大小、相位和功率的分析计算，最后介绍电路的谐振现象和如何提高电路的功率因数。

1. 正弦电压和正弦电流的大小和方向都随时间按正弦规律变化，最大值（有效值）、角频率（频率）、初相位是确定正弦量的三要素。

2. 初相位是正弦量在计时起点的相位，它的大小和所选取的计时起点有关。相位差是表示两个同频率正弦量的相位关系，其值等于它们的初相位之差。

3. 用复数的模来表示正弦量的幅值（或有效值）；用复数的辐角来表示正弦量的初相位。为了与一般复数相区别，我们把表示正弦量的复数称为相量。

4. 复阻抗 Z 不仅表示了对应端点上电压与电流之间的关系，也指出了两者之间的相位关系。复阻抗在正弦交流电路的计算中是一个十分重要的概念。

5. 交流电路中的功率计算公式为

$$P = U_R I = RI^2 = UI\cos\varphi$$

$$Q = U_L I - U_C I = (U_L - U_C)I = (X_L - X_C)I^2 = UI\sin\varphi$$

$$S = UI = |Z|I^2$$

6. 提高功率因数能提高电源设备利用率，并能减少电路的功率损耗，是节能措施之一。感性负载过多而造成电路功率因数较低时，可通过与感性负载并联电容来提高。

7. RLC 串联电路中发生的谐振称为串联谐振，电容和电感两端的电压可能大大超过电源电压，故串联谐振又称为电压谐振。在并联谐振电路中，电路呈高阻抗，总电流很小，电感和电容中的电流比总电流有可能大许多倍，故并联谐振又称为电流谐振。

习题解答

【4.1】 有一正弦电流，其初相位 $\varphi = 30°$，初始值 $i_0 = 10$A，则该电流的幅值为（　　）。

A. $10\sqrt{2}$A　　　　　　　　B. 20A　　　　　　　　C. 10A

解：由 $i = I_m\sin(\omega t + \varphi)$ 知，$10 = I_m\sin 30°$，则 $I_m = 20$A，故应选择 B。

【4.2】 $u = 10\sqrt{2}\sin(\omega t - 30°)$V 的相量表达式为（　　）。

A. $\dot{U} = 10\sqrt{2}\angle -30°$V　　B. $\dot{U} = 10\angle -30°$V　　C. $\dot{U} = 10e^{j(\omega t - 30°)}$V

解：A 等式右侧为最大值相量，与 $\dot{U}$ 不符；C 中多了 $e^{j\omega t}$。故应选择 B。

【4.3】 $i = i_1 + i_2 + i_3 = 4\sqrt{2}\sin\omega t$A $+ 8\sqrt{2}\sin(\omega t + 90°)$A $+ 4\sqrt{2}\sin(\omega t - 90°)$A，则总电流 i 的相量表达式为（　　）。

A. $\dot{I} = 4\sqrt{2}\angle 45°$A　　　　B. $\dot{I} = 4\sqrt{2}\angle -45°$A　　　　C. $\dot{I} = 4\angle 45°$A

解：$\dot{I} = \dot{I}_1 + \dot{I}_2 + \dot{I}_3 = (4\angle 0° + 8\angle 90° + 4\angle -90°)$A $= 4\sqrt{2}\angle 45°$A，故应选择 A。

【4.4】 在电感元件的交流电路中，已知 $u = \sqrt{2}U\sin\omega t$，则（　　）。

A. $\dot{I} = \dfrac{\dot{U}}{j\omega L}$　　　　　　B. $\dot{I} = j\dfrac{\dot{U}}{\omega L}$　　　　　　C. $\dot{I} = j\omega L\dot{U}$

解：电感元件上电压与电流为

$$\dot{U}_L = jXL\,\dot{I}_L = j\omega L\,\dot{I}_L$$

$$\dot{I}_L = \frac{\dot{U}_L}{j\omega L}$$

故应选择 A。

【4.5】在电容元件的交流电路中，已知 $u = \sqrt{2}U\sin \omega t$，则（   ）。

A. $\dot{I} = \dfrac{\dot{U}}{j\omega C}$ B. $\dot{I} = j\dfrac{\dot{U}}{\omega C}$ C. $\dot{I} = j\omega C\dot{U}$

解：电容元件上电压与电流为

$$\dot{U}_C = -jX_C\,\dot{I}_C = -j\frac{1}{\omega C}\dot{I}_C = \frac{1}{j\omega C}\dot{I}_C$$

$$\dot{I}_C = j\omega C\dot{U}_C$$

故应选择 C。

【4.6】在 RLC 串联电路中，阻抗模（   ）。

A. $|Z| = \dfrac{u}{i}$ B. $|Z| = \dfrac{U}{I}$ C. $|Z| = \dfrac{\dot{U}}{\dot{I}}$

解：因为在 RLC 串联电路中，$\dfrac{u}{i}$ 之比没有意义；另外，$\dfrac{\dot{U}}{\dot{I}} = Z$。故应选择 B。

【4.7】在 RC 串联电路中，电流的表达式为（   ）。

A. $\dot{I} = \dfrac{\dot{U}}{R + jX_C}$ B. $\dot{I} = \dfrac{\dot{U}}{R - j\omega C}$ C. $I = \dfrac{U}{\sqrt{R^2 + X_C^2}}$

解：RC 串联电路的复阻抗为 $Z = R - jX_C = \sqrt{R^2 + X_C^2}\angle\arctan\left(-\dfrac{X_C}{R}\right)$，则

$$\dot{I} = \frac{\dot{U}}{R - jX_C} = \frac{\dot{U}}{R - j\frac{1}{\omega C}},\quad I = \frac{U}{\sqrt{R^2 + X_C^2}}$$

故应选择 C。

【4.8】在 RLC 串联电路中，已知 $R = 3\Omega$，$X_L = 8\Omega$，$X_C = 4\Omega$，则电路的功率因数 $\cos \varphi$ 等于（   ）。

A. 0.8   B. 0.6   C. $\dfrac{3}{4}$

解：RLC 串联电路的功率因数角为 $\varphi = \arctan\dfrac{X_L - X_C}{R} = \arctan\dfrac{8-4}{3} = 53.1°$，则

$$\cos \varphi = \cos 53.1° = 0.6$$

故应选择 B。

【4.9】在 RLC 串联电路中，已知 $R = X_L = X_C = 5\Omega$，$\dot{I} = 1\angle0°A$，则电路的端电压 $\dot{U}$ 等于（   ）。

A. $5\angle0°V$ B. $1\angle0° \cdot (5+j10)V$ C. $15\angle0°V$

解：由 $R = X_L = X_C$ 知此 RLC 串联电路为纯阻性，电压与电流同相位，故应选择 A。

【4.10】 在图 1.4.1 中，$I = ($ $)$，$Z = ($ $)$。

A. 7A   B. 1A   C. j$(3-4)\Omega$ D. $12\angle 90°\Omega$

解：电流 $\dot{I} = \dot{I}_1 + \dot{I}_2$，且 $\dot{I}_1$ 与 $\dot{I}_2$ 反相，故 $I = I_1 - I_2 = 1A$

复阻抗 $Z = j\omega L // \dfrac{1}{j\omega C} = j12\Omega = 12\angle 90°\Omega$

故应选择 B 和 D。

【4.11】 在图 1.4.2 中，$u = 20\sin(\omega t + 90°)$V，则 i 等于 （ ）。

A. $4\sin(\omega t + 90°)$ B. $4\sin\omega t$A   C. $4\sqrt{2}\sin(\omega t + 90°)$A

解：

$$\dot{U} = \frac{20}{\sqrt{2}}\angle 90°\text{V}$$

$$\frac{1}{Z} = \frac{1}{R} + \frac{1}{jX_L} + \frac{1}{-jX_C} = \frac{1}{5}\text{S}$$

$$\dot{I} = \frac{\dot{U}}{Z} = 2\sqrt{2}\angle 90°\text{A}$$

故应选择 A。

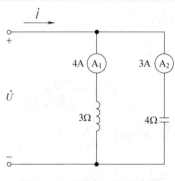

图 1.4.1   习题 4.10 电路图

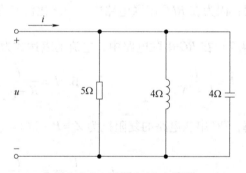

图 1.4.2   习题 4.11 电路图

【4.12】 已知正弦量 $\dot{U} = 220e^{j30°}$V 和 $\dot{I} = (-4-j3)$A，试分别用三角函数式、正弦波形及相量图表示它们。如果 $\dot{I} = (4-j3)$A，则又如何？

解：已知电压和电流的相量为

$$\dot{U} = 220e^{j30°}\text{V} = 220\angle 30°\text{V}$$

$$\dot{I} = (-4-j3)\text{A} = 5\angle -143.13°\text{A}$$

则对应的三角函数式为

$$u(t) = 220\sqrt{2}\sin(\omega t + 30°)\text{V}$$

$$i(t) = 5\sqrt{2}\sin(\omega t - 143.13°)\text{A}$$

对应的正弦波形及相量图如图 1.4.3a、b 所示。

当 $\dot{I} = (4-j3)\text{A} = 5\angle -36.87°\text{A}$ 时，其对应的三角函数式为

$$i(t) = 5\sqrt{2}\sin(\omega t - 36.87°)\text{A}$$

正弦波形及相量图如图 1.4.3c、b 所示。

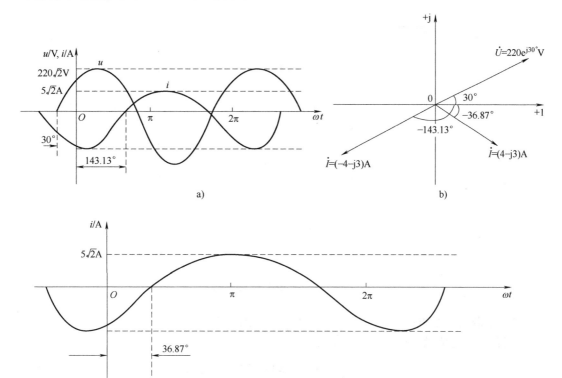

图 1.4.3　习题 4.12 题解图

【4.13】 有一由 R、L、C 元件串联的交流电路，$R = 10\Omega$，$L = \dfrac{1}{31.4}\mathrm{H}$，$C = \dfrac{10^6}{3140}\mu\mathrm{F}$，在电容元件的两端并联一短路开关 S。（1）当电源电压为 220V 的直流电压时，试分别计算在短路开关闭合和断开两种情况下电路中的电流 I 及各元件上的电压 U_R、U_L、U_C；（2）当电源电压为正弦电压 $u = 220\sqrt{2}\sin 314t\mathrm{V}$ 时，试分别计算在上述两种情况下电流及各电压的有效值。

解：（1）电源为 220V 直流电压 U 时（见图 1.4.4a）

当短路开关 S 闭合时，有

$$I = \frac{U}{R} = \frac{220}{10}\mathrm{A} = 22\mathrm{A}$$

$$U_R = IR = 200\mathrm{V}$$

$$U_L = 0$$

$$U_C = 0$$

当短路开关 S 断开时，有

$$I = 0$$

$$U_R = IR = 0$$

$$U_L = 0$$

$$U_C = U = 220\text{V}$$

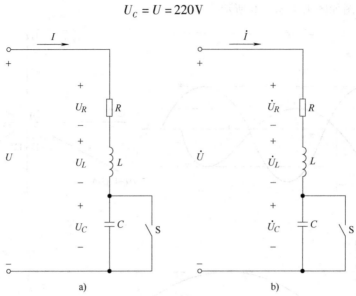

图 1.4.4   习题 4.13 题解图

（2）电源为正弦电压 $u = 220\sqrt{2}\sin 314t$ 时（见图 1.4.4b）

S 闭合时，电流及各电压的有效值为

$$I = \frac{U}{\sqrt{R^2 + (\omega L)^2}} = 11\sqrt{2}\text{A} = 15.56\text{A}$$

$$U_R = IR = 15.56 \times 10\text{V} = 155.6\text{V}$$

$$U_L = LX_L = I\omega L = 155.6\text{V}$$

$$U_C = 0$$

S 断开时，电流及各电压的有效值为

$$I = \frac{U}{\sqrt{R^2 + \left(\omega L - \dfrac{1}{\omega C}\right)^2}} = \frac{220}{10}\text{A} = 22\text{A}$$

$$U_R = IR = 22 \times 10\text{V} = 220\text{V}$$

$$U_L = LX_L = I\omega L = 220\text{V}$$

$$U_C = LX_C = I\frac{1}{\omega C} = 220\text{V}$$

【4.14】有一 CJ0-10A 交流接触器，其线圈数据为 380V/30mA/50Hz，线圈电阻为 1.6kΩ，试求线圈电感。

解： 由已知参数 $U = 380\text{V}$，$I = 30\text{mA}$，$\omega = 314\text{rad/s}$，$R = 1.6\text{k}\Omega$，可得此 RL 串联电路的阻抗模为

$$\frac{U}{I} = |Z| = \sqrt{R^2 + (\omega L)^2}$$

则

$$L = \sqrt{\frac{\left(\dfrac{U}{I}\right)^2 - R^2}{\omega^2}} \approx 40\text{H}$$

【4.15】 一个线圈接在 $U = 120V$ 的直流电源上，$I = 20A$；若接在 $f = 50Hz$，$U = 220V$ 的交流电源上，则 $I = 28.2A$。试求线圈的电阻 R 和电感 L。

解： 由于接在直流电源上时线圈电感不起作用，故

$$R = \frac{U}{I} = 6\Omega$$

当线圈接在 $50Hz$ 交流电源上时，相当于 RL 串联电路，故线圈阻抗模为

$$|Z| = \sqrt{R^2 + (2\pi f L)^2} = \frac{U}{I} = 7.8\Omega$$

解之可得

$$L = 15.88mH$$

【4.16】 有一 JZ7 型中间继电器，其线圈数据为 $380V/50Hz$，线圈电阻为 $2k\Omega$，线圈电感为 $43.3H$，试求线圈电流及功率因数。

解： 线圈的阻抗为

$$Z = R + j\omega L = 13.8 \times 10^3 \angle 81.6°\Omega$$

线圈电流为

$$I = \frac{U}{|Z|} = \frac{380}{13.8 \times 10^3}A = 27.5mA$$

功率因数为

$$\cos\varphi = \cos 81.6° = 0.146$$

【4.17】 荧光灯管与镇流器串联接到交流电压上，可视为 RL 串联电路。如已知某灯管的等效电阻 $R_1 = 280\Omega$，镇流器的电阻和电感分别为 $R_2 = 20\Omega$ 和 $L = 1.65H$，电源电压 $U = 220V$，试求电路中的电流和灯管两端与镇流器上的电压。这两个电压加起来是否等于 $220V$？电源频率为 $50Hz$。

解： 由已知可得灯管与镇流器串联电路的总阻抗为

$$Z = (R_1 + R_2) + j\omega L = (300 + j518)\Omega = 599 \angle 59.92°\Omega$$

电路中的电流为

$$I = \frac{U}{|Z|} = \frac{220}{599}A = 0.367A$$

灯管两端的电压为

$$U_1 = IR_1 = 0.367 \times 280V = 102.8V$$

镇流器两端的电压为

$$U_2 = I\sqrt{R_2^2 + (\omega L)^2} = 190.3V$$

则

$$U_1 + U_2 = 293.1V > 220V$$

电压相量 $\dot{U} = \dot{U}_1 + \dot{U}_2$，但电压有效值 $U \neq U_1 + U_2$。

【4.18】 在图 1.4.5 所示的各电路中，除 A_0 和 V_0 外，其余电流表和电压表的读数（都是正弦量的有效值）在图上都已标出，试求电流表 A_0 或电压表 V_0 的读数。

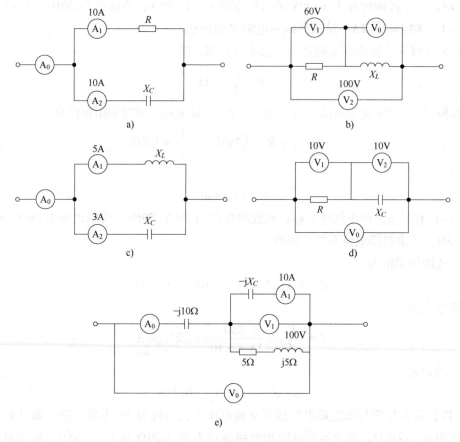

图 1.4.5 习题 4.18 电路图

解： 根据图 1.4.5 所示电路可画出各电路电压与电流的相量参考方向及相量图，如图 1.4.6 所示。

由图 1.4.6a 知，A_0 读数：$I_0 = \sqrt{I_1^2 + I_2^2} = 10\sqrt{2}\,\text{A} = 14.14\text{A}$

由图 1.4.6b 知，V_0 读数：$U_0 = \sqrt{U_2^2 - U_1^2} = 80\text{V}$

由图 1.4.6c 知，A_0 读数：$I_0 = |I_1 - I_2| = 2\text{A}$

由图 1.4.6d 知，V_0 读数：$U_0 = \sqrt{U_1^2 + U_2^2} = 10\sqrt{2}\text{A}$

本题考查综合分析能力，主要从相量图中弄清各电压、电流之间的大小和相位关系，将使问题求解变得大大简化：

由图 1.4.6e 知，$I_2 = \left|\dfrac{\dot{U}_1}{5+5\text{j}}\right| = \dfrac{100}{\sqrt{5^2+5^2}}\text{A} = 14.4\text{A}$，$\dot{I}_0 = \dot{I}_1 + \dot{I}_2$

$$I_0 = I_2 \sin 45°\text{A} = 14.4 \times \frac{\sqrt{2}}{2}\text{A} = 10\text{A}$$

$$\dot{U}_0 = \dot{U}_1 + \dot{U}_A$$

$$U_0 = \frac{U_1}{\sin 45°}\text{V} = 100\sqrt{2}\text{V}$$

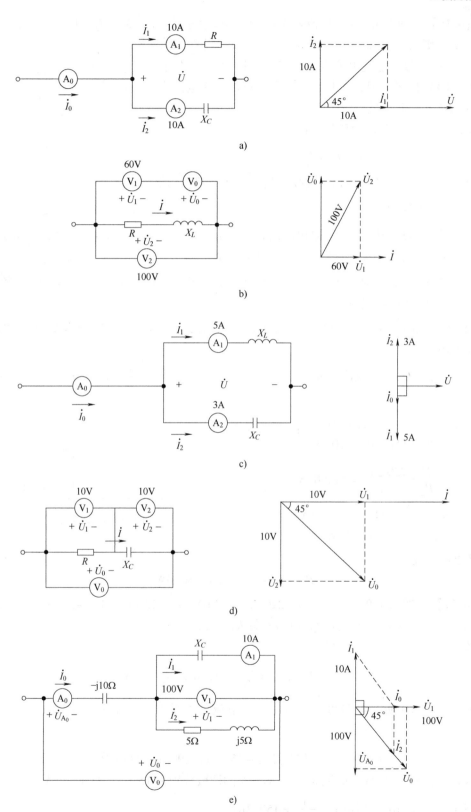

图 1.4.6　习题 4.18 题解图

【4.19】 在图 1.4.7 中，电流表 A_1 和 A_2 的读数分别为 $I_1 = 3A$，$I_2 = 4A$。（1）设 $Z_1 = R$，$Z_2 = -jX_C$，则电流表 A_0 的读数应为多少？（2）设 $Z_1 = R$，问 Z_2 为何种参数才能使电流表 A_0 的读数最大？此读数应为多少？（3）设 $Z_1 = jX_L$，问 Z_2 为何种参数才能使电流表 A_0 的读数最小？此读数应为多少？

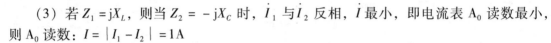

解： 根据基尔霍夫电流定律得

$$\dot{I} = \dot{I}_1 + \dot{I}_2$$

（1）因 $Z_1 = R$，$Z_2 = -jX_C$，故 $\dot{I}_2$ 超前 $\dot{I}_1$ 90°，则 A_0 读数：$I = \sqrt{I_1^2 + I_2^2} = 5A$

图 1.4.7　习题 4.19 电路图

（2）若 $Z_1 = R$，则当 Z_2 也是电阻时，$\dot{I}_1$ 与 $\dot{I}_2$ 同相，$\dot{I}$ 最大，即电流表 A_0 读数最大，则 A_0 读数：$I = I_1 + I_2 = 7A$

（3）若 $Z_1 = jX_L$，则当 $Z_2 = -jX_C$ 时，$\dot{I}_1$ 与 $\dot{I}_2$ 反相，$\dot{I}$ 最小，即电流表 A_0 读数最小，则 A_0 读数：$I = \left| I_1 - I_2 \right| = 1A$

【4.20】 在图 1.4.8 中，已知 $U = 220V$，$R_1 = 10\Omega$，$X_1 = 10\sqrt{3}\Omega$，$R_2 = 20\Omega$，试求各个电流和平均功率。

解： 以电压 $\dot{U}$ 为参考相量，即 $\dot{U} = U\angle0°V = 220\angle0°V$，则

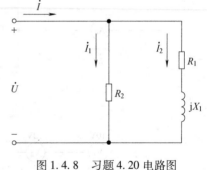

$$\dot{I}_2 = \frac{\dot{U}}{R_1 + jX_1} = \frac{220\angle0°}{10 + j10\sqrt{3}} = 11\angle-60°A$$

$$\dot{I}_1 = \frac{\dot{U}}{R_2} = \frac{220\angle0°}{20} = 11\angle0°A$$

$$\dot{I} = \dot{I}_1 + \dot{I}_2 = 11\sqrt{3}\angle-30°A$$

$$P = R_1 I_1^2 + R_2 I_2^2 = 3630W$$

图 1.4.8　习题 4.20 电路图

P 也可通过下式计算：

$$P = UI\cos(\varphi_u - \varphi_i) = 3630W$$

【4.21】 在图 1.4.9 中，已知 $u = 220\sqrt{2}\sin 314t\,V$，$i_1 = 22\sin(314t - 45°)A$，$i_2 = 11\sqrt{2}\sin(314t + 90°)A$，试求各仪表读数及电路参数 R、L 和 C。

解： 由已知 u、i_1、i_2 可得

$$U = 220V，\quad I_1 = \frac{22}{\sqrt{2}}A = 15.6A，\quad I_2 = 11A$$

根据图 1.4.9 所示电路可画出各电压、电流的相量图，如图 1.4.10 所示。由相量图可知

$$\dot{I} = \dot{I}_1 + \dot{I}_2 = \left(11\sqrt{2}\angle-45° + 11\angle90°\right)A = 11\angle0°A$$

故电压表 V 读数为 220V，电流表 A_1、A_2、A 的读数分别为 15.6A、11A、11A。

因 $X_C = \frac{U}{I_2} = 20\Omega$，所以 $C = \frac{1}{\omega X_C} = 159.2\mu F$。

又因 $Z_1 = R + jX_L = \dfrac{\dot{U}}{\dot{I}_1} = (10 + j10)\,\Omega$，所以 $R = 10\Omega$，$X_L = 10\Omega$，故 $L = \dfrac{X_L}{\omega} = 31.8\text{mH}$。

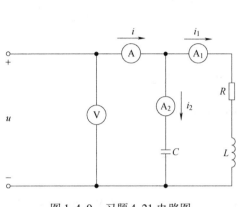
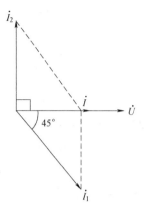

图 1.4.9　习题 4.21 电路图　　　　图 1.4.10　习题 4.21 题解图

【4.22】 求图 1.4.11 所示电路的阻抗 Z_{ab}。图 1.4.11a 中，$\omega = 10^6\text{rad/s}$；图 1.4.11b 中，$\omega = 10^4\text{rad/s}$。

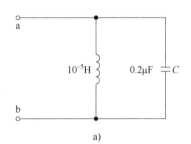
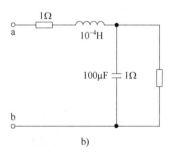

a)　　　　　　　　　　　b)

图 1.4.11　习题 4.22 电路图

解：对于图 1.4.11a，有

$$Z_{ab} = \cfrac{1}{\cfrac{1}{j\omega L} + j\omega C} = \cfrac{1}{\cfrac{1}{j10} + j0.2}\,\Omega = -j10\Omega = 10\angle -90°\,\Omega$$

对于图 1.4.11b，有

$$Z_{ab} = (R + j\omega L) + \cfrac{1}{\cfrac{1}{R} + j\omega C} = \left(1 + j1 + \cfrac{1}{1 + j1}\right)\Omega = (1.5 + j0.5)\Omega = 1.58\angle 18.4°\,\Omega$$

【4.23】 求图 1.4.12 中的电流 $\dot{I}$。

解：对于图 1.4.12a，有

$$\dot{I} = \frac{5}{5 - j5} \times 2e^{j0°}\,\text{A} = \sqrt{2}\angle 45°\,\text{A}$$

对于图 1.4.12b，有

$$\dot{I} = \frac{-j4}{(3 + j4) - j4} \times 30e^{j30°}\,\text{A} = 40\angle -60°\,\text{A}$$

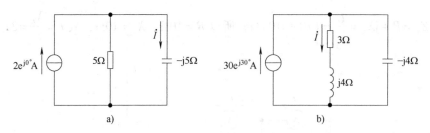

图 1.4.12　习题 4.23 电路图

【4.24】 计算习题 4.23 中理想电流源两端的电压。

解： 对于图 1.4.12a，有

$$\dot{U} = -j5\dot{I} = 5\sqrt{2}\angle -45° \text{V}$$

对于图 1.4.12b，有

$$\dot{U} = Z\dot{I} = (3+4j) \times 40\angle -60° \text{V} = 5\angle 57° \times 40\angle -60° \text{V} = 200\angle -3° \text{V}$$

【4.25】 在图 1.4.13 所示的电路中，已知 $\dot{U}_C = 1\angle 0°\text{V}$，求 $\dot{U}$。

解： 由图 1.4.13 所示电路可知

$$\dot{I}_R = \frac{\dot{U}_C}{2} = 0.5\text{A}$$

$$\dot{I}_C = \frac{\dot{U}_C}{-j2} = j0.5\text{A}$$

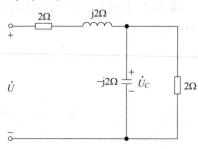

图 1.4.13　习题 4.25 电路图

则

$$\dot{I} = \dot{I}_R + \dot{I}_C = (0.5 + j0.5)\text{A}$$

$$\dot{U}_1 = (2 + j2)\dot{I} = j2\text{V}$$

所以

$$\dot{U} = \dot{U}_1 + \dot{U}_C = \sqrt{5}\angle 63.4°\text{V}$$

【4.26】 在图 1.4.14 所示的电路中，$R_1 = 5\Omega$。今调节电容 C 值使并联电路发生谐振，且此时测得 $I_1 = 10\text{A}$，$I_2 = 6\text{A}$，$U_Z = 113\text{V}$，电路总功率 $P = 1140\text{W}$，求阻抗 Z。

解： 当调节电容使并联电路发生谐振时，电流与电压同相，且为最小值，故可画出 i_1、i_2、i 与 u_{ab} 的相量图，如图 1.4.15 所示。

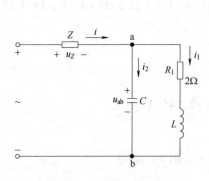

图 1.4.14　习题 4.26 电路图

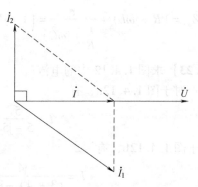

图 1.4.15　习题 4.26 题解图

由相量图可得

$$I = \sqrt{I_1^2 - I_2^2} = 8\text{A}$$

设

$$Z = R + jX$$

由题设 $P = I^2 R + I_1^2 R_1 = 1140\text{W}$，故 $R = \dfrac{P - I_1^2 R_1}{I^2} = 10\Omega$；又因 $|Z| = \sqrt{R^2 + X^2} = 14.13\Omega$，

则 $X = \pm\sqrt{|Z|^2 - R^2} = \pm 10\Omega$。

所以阻抗 $Z = R + jX = (10 \pm j10)\Omega$。

【4.27】 电路如图 1.4.16 所示，已知 $R = R_1 = R_2 = 10\Omega$，$L = 31.8\text{mH}$，$C = 318\mu\text{F}$，$f = 50\text{Hz}$，$U = 10\text{V}$，试求并联支路端电压 U_{ab} 及电路的有功功率 P、无功功率 Q、视在功率 S 及功率因数 $\cos\varphi$。

解： 由题设可知 $\omega = 2\pi f = 2\pi \times 50\text{rad/s}$，则感抗 $X_L = \omega L = 314 \times 31.8 \times 10^{-3}\Omega = 10\Omega$，容抗 $X_C = \dfrac{1}{\omega C} = \dfrac{1}{314 \times 318 \times 10^{-6}}\Omega = 10\Omega$，故两并联支路的等效阻抗 Z_{ab} 为

$$Z_{ab} = \frac{(R_1 + jX_L)(R_2 - jX_C)}{(R_1 + jX_L) + (R_2 - jX_C)} = 10\angle 0°\text{V}$$

电路总阻抗为

$$Z = R + Z_{ab} = (10 + 10\angle 0°)\Omega = 20\angle 0°\Omega$$

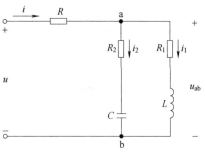

图 1.4.16 习题 4.27 电路图

设 $\dot{U} = U\angle 0° = 10\angle 0°\text{V}$，则 $\dot{I} = \dfrac{\dot{U}}{Z} = \dfrac{10\angle 0°}{20\angle 0°}\text{A} = 0.5\angle 0°\text{A}$，故

$$U_{ab} = I|Z_{ab}| = (0.5 \times 10)\text{V} = 5\text{V}$$
$$P = UI\cos(\varphi_u - \varphi_i) = 10 \times 0.5 \times \cos(0° - 0°)\text{W} = 5\text{W}$$
$$Q = UI\sin(\varphi_u - \varphi_i) = 10 \times 0.5 \times \sin(0° - 0°) = 0$$
$$S = UI = (10 \times 0.5)\text{V}\cdot\text{A} = 5\text{V}\cdot\text{A}$$
$$\cos\varphi = \cos(\varphi_u - \varphi_i) = \cos 0° = 1$$

本题也可通过 $Z_{ab} = 10\angle 0°\text{V}$ 知，并联电路部分呈纯阻性，且阻值与 R 相等，故 $U_{ab} = \dfrac{U}{2} = 5\text{V}$。

并联支路电流 $I_1 = \dfrac{U_{ab}}{\sqrt{R_1^2 + X_L^2}} = \dfrac{\sqrt{2}}{4}\text{A}$，$I_2 = \dfrac{U_{ab}}{\sqrt{R_2^2 + X_C^2}} = \dfrac{\sqrt{2}}{4}\text{A}$，总电流 $I = \dfrac{U_{ab}}{|Z_{ab}|} = 0.5\text{A}$，故

$$P = I_1^2 R_1 + I_2^2 R_2 + I^2 R = 5\text{W}$$
$$Q = I_1^2 X_L - I_2^2 X_C = 0$$
$$S = \sqrt{P^2 + Q^2} = 5\text{V}\cdot\text{A}$$
$$\cos\varphi = \frac{P}{S} = 1$$

【4.28】 今有 40W 的荧光灯一个，使用时灯管与镇流器（可近似地把镇流器看作纯电感）串联在电压为 220V、频率为 50Hz 的电源上。已知灯管工作时属于纯电阻负载，灯管两端的电压等于 110V，试求镇流器的感抗与电感。这时电路的功率因数等于多少？若将功率

因数提高到0.8，问应并联多大电容？

解： 由题设知灯管与镇流器的串联电路可看作 RL 串联电路。灯管工作的额定电流为

$$I_N = \frac{P_N}{U_N} = \frac{40}{110}A \approx 0.364A$$

要保证灯管上电压为110V，则电感上电压应为

$$U_L = \sqrt{U^2 - U_N^2} = \sqrt{220^2 - 110^2}V \approx 190.5V$$

电感的感抗为

$$X_L = \frac{U_L}{I_N} = \frac{190.5}{0.364}\Omega \approx 523.4\Omega$$

电感为

$$L = \frac{X_L}{2\pi f} = \frac{523.4}{2\pi \times 50}H \approx 1.67H$$

电路的功率因数为

$$\cos \varphi = \frac{P}{S} = \frac{P}{UI_N} = \frac{40}{220 \times 0.364} = 0.5$$

若要将功率因数提高到0.8，则应在灯管与镇流器串联电路两端并联的电容为

$$C = \frac{P}{2\pi f U^2}(\tan \varphi - \tan \varphi')$$

$$= \frac{40}{2\pi \times 50 \times 220^2}[\tan(\arccos 0.5) - \tan(\arccos 0.8)]F$$

$$= 2.58\mu F$$

【4.29】 用图1.4.17所示的电路测得无源线性二端网络 N 的数据如下：$U = 220V$，$I = 5A$，$P = 500W$。又知当与 N 并联一个适当数值的电容 C 后，电流 I 减小，而其他读数不变。试确定该网络的性质（电阻性、电感性或电容性）、等效参数及功率因数，其中 $f = 50Hz$。

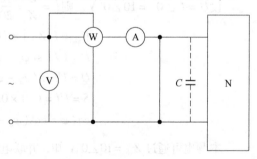

图1.4.17 习题4.29电路图

解： 由于 N 两端并联适当数值 C 后电路电流 I 减小，而其他读数不变，则可判断该网络为一电感性网络。

由于 $P = UI\cos \varphi = 500W$，且 $U = 220V$，$I = 5A$，故功率因数为

$$\cos \varphi = \frac{P}{UI} = \frac{500}{220 \times 5} = 0.455$$

网络 N 的阻抗模为 $|Z| = \frac{U}{I} = \frac{220}{5}\Omega = 44\Omega$，故

$$Z = |Z| \angle \varphi = R + jX_L = 44 \angle \arccos 0.454\Omega = 44 \angle 63°\Omega = (20 + j39.2)\Omega$$

所以

$$R = 20\Omega, \quad X_L = 39.2\Omega$$

则

$$L = \frac{X_L}{\omega} = \frac{39.2}{314}H = 0.125H$$

第五章

三 相 电 路

★助您快速理解、掌握重点难点

对于三相电路中的每一相电路来说，其实是和前边所学的电路一样，没有什么区别。所以学好本章知识，关键是弄懂三相电路自身的一些特殊点即可，这些特殊点就是三相电路的线、相关系和对称关系。

1. 对于电源来说，要弄清楚相电压和线电压的概念，相电压是每相绕组两端的电压，线电压是两根端线间的电压。当电源三相绕组三角形联结时，相电压等于线电压；当电源三相绕组星形联结时，线电压幅值是相电压幅值的 $\sqrt{3}$ 倍，线电压相位超前对应相电压相位 $30°$。

2. 对于负载来说，当负载星形联结时，线电流等于相电流，线电压幅值是相电压幅值的 $\sqrt{3}$ 倍，线电压相位超前对应相电压相位 $30°$；当负载三角形联结时，线电压等于相电压，线电流幅值是相电流幅值的 $\sqrt{3}$ 倍，而线电流相位上滞后对应相电流相位 $30°$。

重要知识点

- 三相电路的连接方法
- 星形联结中线电压、相电压、线电流、相电流的关系
- 三角形联结中线电压、相电压、线电流、相电流的关系
- 对称三相电路的概念及计算方法
- 不对称三相电路的概念及性质

本章总结

三相电力系统由三相电源、三相负载和三相输电线路三部分组成，是我国目前电力系统采用的供电方式。通过本章学习掌握三相电路中电源部分和负载部分的连接方式，线电压、相电压、线电流、相电流的概念以及它们之间的关系，三相电路的计算方法。

1. 对于星形联结的三相电路，线电流等于相电流，线电压幅值是相电压幅值的 $\sqrt{3}$ 倍，线电压相位超前对应相电压相位 $30°$。

2. 对于三角形联结的三相电路，线电压等于相电压，线电流幅值是相电流幅值的 $\sqrt{3}$ 倍，

而线电流相位上滞后对应相电流相位30°。

3. 对称三相电路的计算可归结为一相（如 A 相）计算。只要算出一相的电压、电流，则其他两相的电压、电流可按对称关系直接写出。

4. 三相电路的总功率 $P = P_A + P_B + P_C$。

5. 对称三相电路的总功率 $P = 3P_N = 3U_P I_P \cos\varphi$ 或 $P = \sqrt{3} U_L I_L \cos\varphi$。

习题解答

【5.1】填空题

5.1.1 对称三相电压源作星形联结，每相电压有效值均为 220V，但其中 BY 相接反了，如图 1.5.1 所示，则电压 U_{AY} 有效值等于（   ）V。

解答： 在 AXBY 回路中运用相量形式的基尔霍夫电压定律有 $\dot{U}_{AY} = \dot{U}_{AX} + \dot{U}_{BY}$，通过作相量图得，$U_{AY} = 220V$。

5.1.2 对称三相电压源按图 1.5.2 所示连接，每相有效值均为 220V，则电压 U_{AC} 有效值等于（   ）V。

解答： 运用相量形式的基尔霍夫电压定律有 $\dot{U}_{AC} = \dot{U}_{AX} + \dot{U}_{BY} - \dot{U}_{ZC}$，通过作相量图得，$U_{AY} = 440V$。

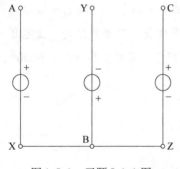

图 1.5.1　习题 5.1.1 图

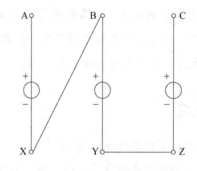

图 1.5.2　习题 5.1.2 图

5.1.3 对称三相电压源作星形联结，每相电压有效值均为 220V，若其中 BY 相接反了，如图 1.5.3 所示，则电压 $U_{CY} = ($ $)V$，$U_{AC} = ($ $)V$。

解答： 运用相量形式的基尔霍夫电压定律有 $\dot{U}_{CY} = \dot{U}_{CZ} + \dot{U}_{BY}$，通过作相量图得，$U_{CY} = 220V$；另外，$\dot{U}_{AY} = \dot{U}_{AX} - \dot{U}_{ZC}$，通过作相量图得，$U_{AC} = 380V$。

5.1.4 对称三相电压源作星形联结，每相电压有效值均为 220V，若其中 BY 相、CZ 相均接反了，如图 1.5.4 所示，则电压 $U_{AY} = ($ $)V$，$U_{YZ} = ($ $)V$。

解答： 方法同题 5.1.3，$U_{AY} = 220V$，$U_{YZ} = 380V$。

5.1.5 某对称三相电压源作三角形联结，但 CZ 相接反了，如图 1.5.5 所示，若每相电压有效值为 220V，每相阻抗为 j22Ω，则电源内部环流有效值为（   ）A。

解答： 依据 $\dot{I} = \dfrac{\dot{U}}{Z} = \dfrac{\dot{U}_{AX} + \dot{U}_{BY} - \dot{U}_{ZC}}{66j}$，所以 $I = \dfrac{U}{|Z|} = \dfrac{440}{22 \times 3}A = 6.67A$，故应填 6.67。

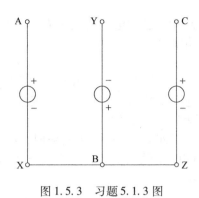

图1.5.3 习题5.1.3图　　图1.5.4 习题5.1.4图

5.1.6 图1.5.6所示的对称三相负载三角形联结电路中，若已知线电流$\dot{I}_A=10\angle60°$A，则相电流$\dot{I}_{BC}=$（ ）A。

解答：该题难度较大，要清楚对称负载三角形联结时，三相相电流和三相线电流的相量关系图。$\dot{I}_{BC}=5.77\angle-30°$。

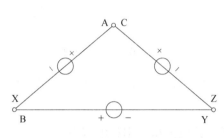

图1.5.5 习题5.1.5图

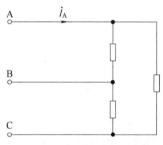

图1.5.6 习题5.1.6图

5.1.7 图1.5.7所示的对称三相电路中，电流表读数均为10A。若图中P点处发生断路，则此时各电流表读数：A_1表为（ ）A，A_2表为（ ）A，A_3表为（ ）A。

解答：A_1表为5.77A，A_2表为10A，A_3表为5.77A。

5.1.8 图1.5.8所示的三角形联结对称三相电路中，已知线电压为U_L，若图中P点处发生断路，则电压U_{Am}等于（ ）。

解答：$U_{Am}=\dfrac{\sqrt{3}U_1}{2}$。

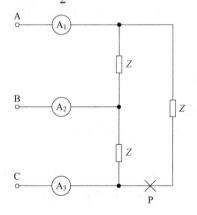

图1.5.7 习题5.1.7图

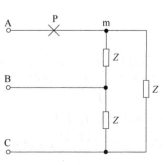

图1.5.8 习题5.1.8图

5.1.9 图 1.5.9 所示的星形联结对称三相电路中，已知电源线电压 $U_L = 380\text{V}$，负载（复）阻抗 $Z = (80 - \text{j}60)\Omega$，则三相电路的总平均功率 $P = ($ $)$。

解答： $P = 1160\text{W}$

【5.2】 图 1.5.10 所示的对称星形联结三相电路中，线电压 $U_L = 380\text{V}$。若图中 p 点处发生断路，则此时电压表读数为多少？若图中 m 点处发生断路，则此时电压表读数为多少？若图中 m 点、p 点两处同时发生断路，则此时电压表读数为多少？

解： p 点发生断路时，因为三相负载对称，$U_V = 220\text{V}$；m 点发生断路时，$U_V = 220\text{V}$；m、p 点同时断路时，相当于两相负载串联后接在 380V 的线电压上，所以 $U_V = 190\text{V}$。

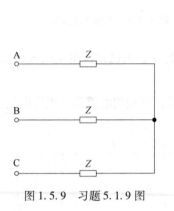

图 1.5.9 习题 5.1.9 图

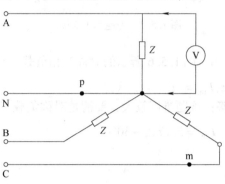

图 1.5.10 习题 5.2 图

【5.3】 图 1.5.11 所示的对称三相星形联结电路中，若已知 $Z = 110\angle -30°\Omega$，线电流 $\dot{I}_A = 2\angle 30°\text{A}$，求线电压 $\dot{U}_{CA}$。

解： 因为三相负载星形联结，所以相电流等于线电流 $\dot{I}_A$，则相电压为

$$\dot{U}_A = \dot{I}_A \times Z = 2\angle 30°\text{A} \times 110\angle -30°\Omega = 220\angle 0°\text{V}$$

相应的线电压是相电压的 $\sqrt{3}$ 倍，相位超前相电压 30°，即

$$\dot{U}_{AB} = 380\angle 30°\text{V}$$

根据对称性得

$$\dot{U}_{BC} = 380\angle 150°\text{V}, \quad \dot{U}_{CA} = 380\angle -90°\text{V}$$

【5.4】 图 1.5.12 所示的对称三相电路中，已知线电流 $I_L = 17.32\text{A}$。若图中 m 点处发生断路，分别求此时的 I_A、I_B、I_C。

解： 图示电路中三相负载是三角形联结，每相负载两端的电压等于电源的线电压，每相负载的电流是线电流的 $\dfrac{1}{\sqrt{3}}$ 倍，所以

$$I_P = \frac{I_L}{\sqrt{3}} = 10\text{A}$$

当 m 点断路时，$I_B = 17.32\text{A}$，$I_A = 10\text{A}$，$I_C = 10\text{A}$。

【5.5】 图 1.5.13 所示的对称三相电路中，已知线电流 $I_L = 17.32\text{A}$。若图中 m 点处发生断路，求此时的 I_A、I_B、I_C。

解： m 点断开后，I_B 为 0，Z_{AC} 两端的电压仍为 U_{AC}，Z_{AB} 和 Z_{BC} 串联后两端的电压也为 U_{AC}，所以相电流 $I_{AC} = \dfrac{17.32}{\sqrt{3}}\text{A} = 10\text{A}$，$I_{AB} = I_{BC} = \dfrac{10}{2}\text{A} = 5\text{A}$ 并且相位相同，则

$$I_A = 15A, \quad I_B = 15A$$

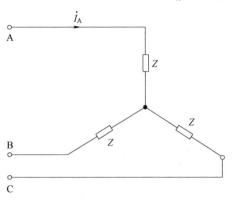

图 1.5.11 习题 5.3 图   图 1.5.12 习题 5.4 图

【5.6】 图 1.5.14 所示的对称三相星形联结负载电路中,已知电源线电压 $U_L = 380V$。若图中 m 点处发生断路,求此时电压 U_{AN}。

解: 在 A、B、N 这个回路中,A、N 两断点间的开路电压 $U_{AN} = U_{AB} = U_{BN} = 380V - 190V = 190V$。

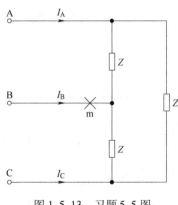

图 1.5.13 习题 5.5 图

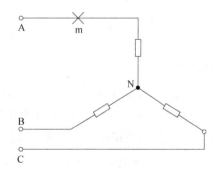

图 1.5.14 习题 5.6 图

【5.7】 图 1.5.15 所示的星形联结对称三相电路中,已知线电流 $I_A = 1A$。若 A 相负载发生短路(如图中开关闭合所示),则此时电流 I_A 等于多少?

解: 短路前,I_A 等于相电压除以 $|Z|$;短路后,I_A 等于线电压除以 $|Z|$,所以短路后 $I_A = \sqrt{3}A$。

【5.8】 图 1.5.16 所示的对称三相电路,若已知线电流有效值 $I_L = 26A$,三相负载有功功率 $P = 11700W$,无功功率 $Q = 6750var$,求电源电压有效值。

解: 由题意可知

$$P = \sqrt{3}I_L U_L \cos \varphi = 11700W$$

$$Q = \sqrt{3}I_L U_L \sin \varphi = 6750var$$

联立该两个方程可以解得

$$U_L = 300V$$

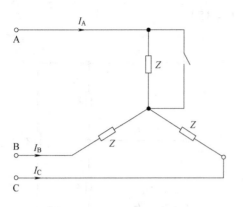

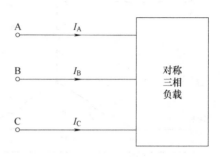

图 1.5.15　习题 5.7 图　　　　　　　　　图 1.5.16　习题 5.8 图

【5.9】 图 1.5.17 所示的对称三相星形-三角形联结电路中，已知负载电阻 $R = 38\Omega$，相电压 $\dot{U}_A = 220 \angle 0°$ V，求各线电流 $\dot{I}_A$、$\dot{I}_B$、$\dot{I}_C$。

解： 因为负载是三角形联结，所以每相负载的相电压等于电源的线电压，即

$$\dot{U}_{A负} = \dot{U}_{AB} = 380 \angle 30° \text{V}$$

则 A 相负载的相电流为

$$\dot{I}_{AB} = \frac{\dot{U}_{A负}}{R} = \frac{380 \angle 30°}{38}\text{A} = 10 \angle 30° \text{A}$$

根据对称性得

$$\dot{I}_{BC} = 10 \angle 150° \text{A}, \quad \dot{I}_{CA} = 10 \angle -90° \text{A}$$

依据负载三角形联结时，线电流的相位落后相应相电流 30°，大小是相应相电流的 $\sqrt{3}$ 倍，得各线电流为

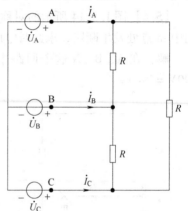

图 1.5.17　习题 5.9 图

$$\dot{I}_A = 10\sqrt{3} \angle 0° \text{A}, \quad \dot{I}_B = 10\sqrt{3} \angle 120° \text{A}, \quad \dot{I}_C = 10\sqrt{3} \angle -120° \text{A}$$

【5.10】 图 1.5.18 所示的对称三相电路中，已知 $\dot{U}_A = 220 \angle 0°$ V，负载复阻抗 $Z = (40 + \text{j}30)\Omega$，求图中电流 $\dot{I}_{AB}$、$\dot{I}_A$ 及三相功率 P。

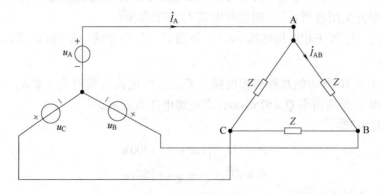

图 1.5.18　习题 5.10 图

解： $\dot{U}_{AB} = \dot{U}_A - \dot{U}_B = 380\angle 30°\text{V}$

因为负载三角形联结，所以负载相电压等于电源线电压，则

$$\dot{I}_{AB} = \frac{\dot{U}_{AB}}{Z} = \frac{380\angle 30°}{50\angle 36.9°}\text{A} = 7.6\angle -6.9°\text{A}$$

$$\dot{I}_A = \sqrt{3}\dot{I}_{AB}\angle -30° = 13.2\angle -36.9°\text{A}$$

$$P = 3U_{AB}I_{AB}\cos\varphi = 3\times 380\times 7.6\times\frac{4}{5}\text{W} = 6931\text{W}$$

【5.11】 图 1.5.19 所示的对称三相电路中，已知星形联结负载（复）阻抗 $Z = (5 + \text{j}8.66)\Omega$，若已测得电路无功功率 $Q = 500\sqrt{3}\text{var}$，求电路有功功率 P。

解： 因为

$$Z = 5 + \text{j}8.66 = 10\angle 60°\Omega$$

$$\sqrt{3}U_LI_L = \frac{Q}{\sin\varphi} = 1000\text{V}\cdot\text{A}$$

所以

$$P = \sqrt{3}U_LI_L\cos\varphi = 500\text{W}$$

【5.12】 图 1.5.20 所示的对称三相电路中，已知电源线电压 $U_L = 380\text{V}$，$R = 40\Omega$，$\frac{1}{\omega C} = 30\Omega$，求三相负载功率 P。

解： 每相阻抗为 $Z = R - \text{j}X_C = (40 - 30\text{j})\Omega$，则 $\cos\varphi = \frac{40}{50} = \frac{4}{5}$。因为三相负载星形联结，所以负载每相相电压 $U_P = \frac{380}{\sqrt{3}}\text{V} = 220\text{V}$，每相相电流 $I_P = \frac{U_P}{|Z|} = \frac{220}{50}\text{A} = 4.4\text{A}$。

所以，每相负载的功率为

$$P_P = U_PI_P\cos\varphi = 220\times 4.4\times\frac{4}{5}\text{W} = 774.4\text{W}$$

则三相负载功率为

$$P = 3P_P = 3\times 774.4\text{W} = 2323.2\text{W}$$

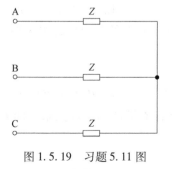

图 1.5.19 习题 5.11 图

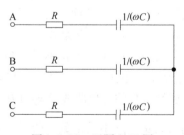

图 1.5.20 习题 5.12 图

▶ 第六章

变 压 器

本章知识归纳

在许多电工设备（如变压器、电机等）中，不仅有电路的问题，同时还有磁路的问题。在学习这些电气设备时，为了能对它们做全面的分析，还需了解以磁路和带铁心为核心的这些器件的工作原理。本章从磁路的基本概念出发，介绍磁路基本定律和基本的磁路分析方法；从变压器的基本结构出发，介绍变压器的电压变换、电流变换和阻抗变换，阐述变压器的运行性能和几种特殊变压器的工作原理，最后讨论变压器绕组的极性和同名端判别的方法。

重要知识点

- 了解磁场的基本物理量的概念、磁路基本定律以及磁性材料的磁性能
- 理解变压器的基本结构、工作原理以及运行性能
- 掌握同名端的概念及其测定方法，熟悉变压器绕组极性测定方法
- 了解几种特殊变压器的结构、原理及其应用场所

习题解答

【6.1】磁感应强度的单位是（　　）。

A. 韦［伯］（Wb）　　　　　B. 特［斯拉］（T）　　　　　C. 伏秒（V·s）

解：伏秒（V·s）通常称为韦［伯］（Wb），是磁通 Φ 的单位。磁感应强度 B 的单位是特［斯拉］（T），故答案应为 B。

【6.2】磁性物质的磁导率 μ 不是常数，因此（　　）。

A. B 与 H 不成正比　　　　B. Φ 与 B 不成正比　　　　C. Φ 与 I 成正比

解：由磁性材料的磁化曲线 $B = f(H)$ 可以看出，B 和 H 非线性关系，即 B 与 H 不成正比，比例系数 $\mu = \dfrac{B}{H}$ 不是常数，所以答案应为 A。

【6.3】在直流空心线圈中置入铁心后，如在同一电压作用下，则电流 I（　　），磁通 Φ（　　），电感 L（　　）及功率 P（　　）。

电流：A. 增大　　　　B. 减小　　　　C. 不变

磁通：A. 增大　　　　B. 减小　　　　C. 不变

电感：A. 增大　　　B. 减小　　　C. 不变

功率：A. 增大　　　B. 减小　　　C. 不变

解：（1）电流：在直流电压 U 作用下，线圈电流 $I = \dfrac{U}{R}$，电流 I 只与线圈电阻 R 有关，置入铁心后，电流 I 不变，故答案应为 C。

（2）磁通：电流 I 虽然不变，但置入铁心后，磁路的磁阻减小，磁通增大，故答案应为 A。

（3）电感：置入铁心后，磁阻减小，导磁能力增强，磁通增大，电感增大，故答案应为 A。

（4）功率：因为是直流励磁，线圈只有铜损耗 $\Delta P_{\text{Cu}} = I^2 R$，即使置入铁心，也无铁损耗，故答案应为 C。

【6.4】 铁心线圈中的铁心达到磁饱和时，则线圈电感 L（　　）。

A. 增大　　　　　　　　B. 减小　　　　　　　　C. 不变

解：铁心达到磁饱和时，磁导率 μ 下降，磁路的磁阻增大，磁通减小，电感 L 减小，故答案应为 B。

【6.5】 在交流铁心线圈中，如将铁心截面积减小，其他条件不变，则磁通势（　　）。

A. 增大　　　　　　　　B. 减小　　　　　　　　C. 不变

解：若将铁心截面积减小，其他条件不变，则磁路的磁阻增大，铁心线圈的电感减小，感抗也减小。于是，线圈电流增大，磁通势（Ni）增大，故答案应为 A。

【6.6】 交流铁心线圈的匝数固定，当电源频率不变时，则铁心中主磁通的最大值基本上取决于（　　）。

A. 磁路结构　　　　　　B. 线圈阻抗　　　　　　C. 电源电压

解：由公式 $U \approx 4.44fN\Phi_{\text{m}}$ 可以看出，交流铁心线圈的匝数 N 固定且频率 f 不变时，则铁心中主磁通的最大值 Φ_{m} 基本上取决于电源电压 U，故答案应为 C。

【6.7】 为了减小涡流损耗，交流铁心线圈中的铁心由钢片（　　）叠成。

A. 垂直磁场方向　　　　B. 顺磁场方向　　　　　C. 任意

解：为了减少涡流损耗，交流铁心线圈中的铁心由钢片顺着磁场方向叠成，故答案应为 B。

【6.8】 两个交流铁心线圈除了匝数（$N_1 > N_2$）不同外，其他参数都相同。如将它们接在同一交流电源上，则两者主磁通的最大值 Φ_{m1}（　　）Φ_{m2}。

A. $>$　　　　　　　　　B. $<$　　　　　　　　　C. $=$

解：两个交流铁心线圈对应以下两个关系式：

$$U \approx 4.44fN_1\Phi_{\text{m1}}$$

$$U \approx 4.44fN_2\Phi_{\text{m2}}$$

两者电压相同（均为 U），频率相同（均为 f），因此

$$N_1\Phi_{\text{m1}} = N_2\Phi_{\text{m2}}$$

由于 $N_1 > N_2$，则 $\Phi_{\text{m1}} < \Phi_{\text{m2}}$，故答案应为 B。

【6.9】 当变压器的负载增加后，则（　　）。

A. 铁心中主磁通 Φ_{m} 增大

B. 二次电流 I_2 增大，一次电流 I_1 不变

C. 一次电流 I_1 和二次电流 I_2 同时增大

解：变压器负载增加后，二次电流 I_2 增大，而一次电流 I_1 也相应增大，以抵偿二次绕组电流对主磁通的影响，维持主磁通最大值近于不变，故答案应为 C。

【6.10】50Hz 的变压器用于 25Hz 时，则（　　）。

A. Φ_m 近于不变　　　　　B. 一次电压 U_1 降低　　　C. 可能烧坏绕组

解：由公式 $U_1 \approx 4.44 f N_1 \Phi_m$ 可知，50Hz 的变压器用于 25Hz 时（U_1 和 N_1 不变），频率 f 减半，则使主磁通最大值 Φ_m 加倍（未考虑磁路饱和）。于是，磁感应强度 B_m 最大值大大增加，铁损耗 ΔP_{Fe} 显著增加，变压器有被烧毁的可能，故答案应为 C。

【6.11】交流电磁铁在吸合过程中气隙减小，则磁路磁阻（　　），铁心中磁通 Φ_m（　　），线圈电感（　　），线圈感抗（　　），线圈电流（　　），吸力平均值（　　）。

A. 增大　　　　　　　　B. 减小　　　　　　　　C. 不变

解：（1）磁路磁阻：气隙减小，则磁路磁阻减小，故答案应为 B。

（2）铁心中磁通 Φ_m：由公式 $U_1 \approx 4.44 f N_1 \Phi_m$ 可知，Φ_m 只与 U、f 和 N 有关，在交流电磁铁的吸合过程中，Φ_m 保持基本不变，故答案应为 C。

（3）线圈电感：气隙减小，磁阻减小，线圈电感增大，故答案应为 A。

（4）线圈感抗：由于电感增大，则线圈感抗也相应增大，故答案应为 A。

（5）线圈电流：由于感抗增大，则线圈电流减小，故答案应为 B。

（6）吸力平均值：由于 Φ_m 基本不变，则 B_m 基本不变，而吸力平均值公式 $F = \dfrac{10^7}{16\pi} B_m^2 A_0$，$F$ 与 B_m^2 成正比，因此吸力 F 近于不变，故答案应为 C。

【6.12】直流电磁铁在吸合过程中气隙减小，则磁路磁阻（　　），铁心中磁通（　　），线圈电感（　　），线圈电流（　　），吸力（　　）。

A. 增大　　　　　　　　B. 减小　　　　　　　　C. 不变

解：（1）磁路磁阻：气隙减小，则磁路磁阻减小，故答案应为 B。

（2）铁心中磁通：在直流电磁铁中，线圈电流 $I = \dfrac{U}{R}$，与气隙的变化无关，保持不变，则磁通势 NI 不变。由于磁阻减小，则磁通增大（根据磁路的欧姆定律），故答案应为 A。

（3）线圈电感：气隙减小，磁阻减小，磁路导磁能力增大，则电感增大，故答案应为 A。

（4）线圈电流：在直流电磁铁中，线圈电流与气隙的变化无关，故答案应为 C。

（5）吸力：从 $F = \dfrac{10^7}{8\pi} B_m^2 A_0$ 分析，由于磁通增大，则 B_m 增大，气隙截面积 A_0 可认为是定值（忽略气隙磁场的边缘效应），直流电磁铁在吸合过程中，随着气隙的减小，电磁力 F 增大，故答案应为 A。

【6.13】有一线圈，其匝数 $N = 1000$，绕在由铸钢制成的闭合铁心上，铁心的截面积 $A_{Fe} = 20\,\mathrm{cm}^2$，铁心的平均长度 $l_{Fe} = 50\,\mathrm{cm}$。如要在铁心中产生磁通 $\Phi = 0.002\,\mathrm{Wb}$，试问线圈中应通入多大直流电流？

解：这是一个均匀磁路，磁感应强度为

$$B = \frac{\Phi}{A_{\text{Fe}}} = \frac{0.002}{20 \times 10^{-4}} \text{T} = 1\text{T}$$

查铸钢的磁化曲线，磁场强度为

$$H \approx 0.7 \times 10^3 \text{A/m}$$

励磁电流为

$$I = \frac{H l_{\text{Fe}}}{N} = 0.35\text{A}$$

【6.14】 如果上题的铁心中含有一长度为 $\delta = 0.2\text{cm}$ 的空气隙（与铁心柱垂直），由于空气隙较短，磁通的边缘扩散可忽略不计，试问线圈中的电流必须多大才可使铁心中的磁感应强度保持上题中的数值？

解：因为磁感应强度与上题相同，即 $B = 1\text{T}$，忽略边缘效应，气隙中的 $B_0 \approx B = 1\text{T}$。

全磁路的磁压降为

$$\sum Hl = H l_{\text{Fe}} + H_0 \delta = H l_{\text{Fe}} + \frac{B_0}{\mu_0}\delta = 1941\text{A}$$

励磁电流为

$$I = \frac{\sum Hl}{N} = 1.941\text{A}$$

【6.15】 有一铁心线圈，试分析铁心中的磁感应强度、线圈中的电流和铜损耗 RI^2 在下列几种情况下将如何变化：

（1）直流励磁——铁心截面积加倍，线圈的电阻和匝数以及电源电压保持不变；

（2）交流励磁——同（1）；

（3）直流励磁——线圈匝数加倍，线圈的电阻及电源电压保持不变；

（4）交流励磁——同（3）；

（5）交流励磁——电源频率减半，电源电压的大小保持不变；

（6）交流励磁——频率和电源电压的大小减半。

假设在上述各种情况下，工作点在磁化曲线的直线段。在交流励磁的情况下，设电源电压与感应电动势在数值上近于相等，且忽略磁滞和涡流。铁心是闭合的，截面均匀。

解：（1）直流励磁

由于铁心截面积 A 加倍，而 R、N 和 U 保持不变，则 $I = \frac{U}{R}$ 不变，铜损耗 $\Delta P_{\text{Cu}} = I^2 R$ 也保持不变。同时，由于 A 加倍→磁阻 R_{m} 减半→$\Phi = \frac{IN}{R_{\text{m}}}$ 加倍→$B = \frac{\Phi}{A}$ 不变。

（2）交流励磁

由于铁心截面积 A 加倍，而 f、N 和 U 保持不变，则由公式 $U \approx 4.44 f N \Phi_{\text{m}}$ 可知，Φ_{m} 保持不变。Φ_{m} 不变→$B_{\text{m}} = \frac{\Phi_{\text{m}}}{A}$ 减半→H_{m} 减半（曲线直线段）→$H_{\text{m}} l = I_{\text{m}} N$→$I_{\text{m}}$ 减半→I 减半→$\Delta P_{\text{Cu}} = I^2 R$ 减至原来的 $\frac{1}{4}$。

（3）直流励磁

由于 N 加倍，R 和 U 保持不变，则由 $I = \frac{U}{R}$ 不变→$\Delta P_{\text{Cu}} = I^2 R$ 不变。而 $\Phi = \frac{IN}{R_{\text{m}}}$ 加倍（R_{m} 不

变）$\rightarrow B = \dfrac{\Phi}{A}$ 加倍。

（4）交流励磁

由于 N 加倍，R 和 U 保持不变，则由公式 $U \approx 4.44fN\Phi_\mathrm{m}$ 可知，N 加倍，Φ_m 减半$\rightarrow B_\mathrm{m}$ 减半$\rightarrow H_\mathrm{m}$ 减半（曲线直线段）。又由于 $H_\mathrm{m}l = I_\mathrm{m}N \rightarrow I_\mathrm{m} = \dfrac{H_\mathrm{m}l}{N}$ 减小至原来的 $\dfrac{1}{4} \rightarrow I$ 减小至原来 的 $\dfrac{1}{4} \rightarrow \Delta P_\mathrm{Cu} = I^2R$ 减小至原来的 $\dfrac{1}{16}$。

（5）交流励磁

由于电源频率 f 减半，电源电压 U 保持不变，则由公式 $U \approx 4.44fN\Phi_\mathrm{m}$ 可知，f 减半$\rightarrow$ Φ_m 加倍$\rightarrow B_\mathrm{m}$ 加倍$\rightarrow H_\mathrm{m}$ 加倍$\rightarrow H_\mathrm{m}l = I_\mathrm{m}N \rightarrow I_\mathrm{m}$ 加倍$\rightarrow I$ 加倍$\rightarrow \Delta P_\mathrm{Cu} = I^2R$ 增大至原来的 4 倍。

（6）交流励磁

由于电源频率 f 和电源电压 U 均减半，则由公式 $U \approx 4.44fN\Phi_\mathrm{m}$ 可知，Φ_m 不变，B_m、 H_m、I_m 和 I 均不变，$\Delta P_\mathrm{Cu} = I^2R$ 也保持不变。

【6.16】为了求出铁心线圈的铁损耗，先将它接在直流电源上，从而测得线圈的电阻为 1.75Ω；然后接在交流电源上，测得电压 $U = 120\mathrm{V}$，功率 $P = 70\mathrm{W}$，电流 $I = 2\mathrm{A}$。试求铁损 耗和线圈的功率因数。

解：（1）接直流电源：测得线圈电阻 $R = 1.75\Omega$。

（2）接交流电源：测得功率 $P = 70\mathrm{W}$，是铜损耗和铁损耗的总和。其中，铜损耗 $\Delta P_\mathrm{Cu} = I^2R = 7\mathrm{W}$，铁损耗 $\Delta P_\mathrm{Fe} = P - \Delta P_\mathrm{Cu} = 70\mathrm{W} - 7\mathrm{W} = 63\mathrm{W}$，线圈功率因数 $\cos\varphi = \dfrac{P}{UI} = 0.29$。

【6.17】有一交流铁心线圈，接在 $f = 50\mathrm{Hz}$ 的正弦电源上，在铁心中得到磁通的最大值 为 $\Phi_\mathrm{m} = 2.25 \times 10^{-3}\mathrm{Wb}$。现在此铁心上再绕一个线圈，其匝数为 200。当此线圈开路时，求 其两端电压。

解：后加的绕组开路电压为
$$U_{20} \approx 4.44fN_2\Phi_\mathrm{m} = 100\mathrm{V}$$

【6.18】将一铁心线圈接于电压 $U = 100\mathrm{V}$，频率 $f = 50\mathrm{Hz}$ 的正弦电源上，其电流 $I_1 = 5\mathrm{A}$，$\cos\varphi_1 = 0.7$。若将此线圈中的铁心抽出，再接于上述电源上，则线圈中电流 $I_2 = 10\mathrm{A}$，$\cos\varphi_2 = 0.05$。试求此线圈在具有铁心时的铜损耗和铁损耗。

解：（1）铁心线圈

从电源取用的有功功率 $P_1 = UI_1\cos\varphi_1 = 350\mathrm{W}$，此时 P_1 即为铁心线圈的全部功率损耗， 包括铜损耗和铁损耗。

（2）无铁心线圈

从电源取用的有功功率 $P_2 = UI_2\cos\varphi_2 = 50\mathrm{W}$，此时 P_2 实际上是消耗在线圈电阻上的功 率，由此可计算出线圈电阻为
$$R = \dfrac{P_2}{I_2^2} = 0.5\Omega$$

（3）分别求出铁心线圈的铜损耗和铁损耗
$$\Delta P_\mathrm{Cu} = I_1^2R = 12.5\mathrm{W}$$

$$\Delta P_{Fe} = P_1 - \Delta P_{Cu} = 337.5W$$

【6.19】 有一单相照明变压器，容量为 10kV·A，电压为 3300V/220V。今欲在二次绕组接上 60W/220V 的白炽灯，如果要变压器在额定情况下运行，这种电灯可接多少个？并求一次、二次绕组的额定电流。

解：（1）白炽灯的 $\cos \varphi = 1$，变压器额定运行时，电灯消耗的总功率应等于变压器的额定容量。设可接灯数为 n，则

$$60n = S_N$$

$$n = \frac{S_N}{60} \approx 166 \text{ 个}$$

（2）一次、二次绕组的额定电流为

$$I_{1N} = \frac{S_N}{U_{1N}} \approx 3.03A$$

$$I_{2N} = \frac{S_N}{U_{2N}} \approx 45.45A$$

【6.20】 有一台单相变压器，额定容量为 10kV·A，二次侧的额定电压为 220V，要求变压器在额定负载下运行。

（1）二次侧能接 220V/60W 的白炽灯多少个？

（2）若改接 220V/40W，功率因数为 0.44 的荧光灯，可接多少只？设每台镇流器的损耗为 8W。

解：（1）二次侧能接白炽灯的灯数

由于白炽灯的 $\cos \varphi = 1$，则额定容量 $S_N = 10kV·A$ 可以全部成为有功功率 $P_N = 10kW$。此时白炽灯的灯数 $n = \frac{S_N}{60} \approx 166$ 个。

（2）二次侧能接荧光灯的灯数

由于荧光灯电路的 $\cos \varphi = 0.44$，则只有 0.44 倍的额定容量成为有功功率，即 $P = 10 \times 0.44kW$。每只荧光灯消耗 40W，镇流器消耗 8W，此时荧光灯的灯数 $n = \frac{10 \times 10^3 \times 0.44}{40 + 8} \approx 92$ 只。

【6.21】 有一台额定容量为 50kV·A，额定电压为 3300V/220V 的变压器，试求当二次侧达到额定电流、输出功率为 39kW、功率因数为 0.8（滞后）时的电压 U_2。

解：变压器二次侧输出功率为

$$P_2 = U_2 I_{2N} \cos \varphi_2$$

式中，$P_2 = 39kW$，$\cos \varphi_2 = 0.8$，$I_{2N} = \frac{S_N}{U_{2N}} = \frac{50 \times 10^3}{220}A = 227.3A$，此时所求电压为

$$U_2 = \frac{P_2}{I_{2N} \cos \varphi_2} = 214.5V$$

【6.22】 有一台 100kV·A、10kV/0.4kV 的单相变压器，在额定负载下运行，已知铜损耗为 2270W，铁损耗为 546W，负载功率因数为 0.8，试求满载时变压器的效率。

解：满载时变压器的效率为

$$\eta = \frac{P_2}{P_2 + \Delta P_{Fe} + \Delta P_{Cu}} = \frac{S_N \cos \varphi_2}{S_N \cos \varphi_2 + \Delta P_{Fe} + \Delta P_{Cu}}$$

$$= \frac{100 \times 10^3 \times 0.8}{100 \times 10^3 \times 0.8 + 546 + 2270} \approx 96.6\%$$

【6.23】 SJL 型三相变压器的铭牌数据如下：$S_N = 180\text{kV} \cdot \text{A}$，$U_{1N} = 10\text{kV}$，$U_{2N} = 400\text{V}$，$f = 50\text{Hz}$，$\text{Y}/\text{Y}_0$ 联结。已知每匝线圈感应电动势为 5.133V，铁心截面积为 160cm^2。试求：（1）一次、二次绕组每相匝数；（2）变比；（3）一次、二次绕组的额定电流；（4）铁心中的磁感应强度 B_m。

解：变压器 Y/Y_0 联结时，（1）一次、二次绕组每相匝数

一次、二次绕组的额定相电压为

$$U_{1P} = \frac{U_{1N}}{\sqrt{3}} = 5774\text{V}$$

$$U_{2P} = \frac{U_{2N}}{\sqrt{3}} = 231\text{V}$$

因此，一次、二次绕组每相匝数为

$$N_1 = \frac{U_{1P}}{5.133} = 1125 \text{ 匝}$$

$$N_2 = \frac{U_{2P}}{5.133} = 45 \text{ 匝}$$

（2）变比

$$K = \frac{N_1}{N_2} = 25$$

（3）一次、二次绕组的额定电流

$$I_{1N} = \frac{S_N}{\sqrt{3} U_{1N}} = 10.39\text{A}$$

$$I_{2N} = \frac{S_N}{\sqrt{3} U_{2N}} = 259.8\text{A}$$

（4）铁心中的磁感应强度 B_m

由于 $E = 4.44 f N \Phi_m = 4.44 f N A B_m$，则

$$B_m = \frac{E}{4.44 f N A}$$

当 $N = 1$ 时，$E = 5.133\text{V}$，则

$$B_m = \frac{5.133}{4.44 \times 50 \times 1 \times 160 \times 10^{-4}}\text{T} = 1.45\text{T}$$

【6.24】 在图 1.6.1 中，将 $R_L = 8\Omega$ 的扬声器接在输出变压器的二次绕组上，已知 $N_1 = 300$，$N_2 = 100$，信号源电动势 $E = 6\text{V}$，内阻 $R_0 = 100\Omega$，试求信号源输出的功率。

解：（1）负载 R_L 反映到一次侧的等效电阻为

$$R_L' = \left(\frac{N_1}{N_2}\right)^2 R_L = 72\Omega$$

（2）信号源输出功率为

$$P_{\mathrm{L}} = \left(\frac{E}{R_0 + R_{\mathrm{L}}'}\right)^2 R_{\mathrm{L}}' = 87.6\mathrm{mW}$$

【6.25】 在图 1.6.2 中，输出变压器的二次绕组有抽头，以便接 8Ω 或 3.5Ω 的扬声器，两者都能达到阻抗匹配。试求二次绕组两部分匝数之比 $\dfrac{N_2}{N_3}$。

解：（1）8Ω 扬声器匹配时

$$R_{\mathrm{L}}' = \left(\frac{N_1}{N_2 + N_3}\right)^2 \times 8$$

（2）3.5Ω 扬声器匹配时

$$R_{\mathrm{L}}' = \left(\frac{N_1}{N_3}\right)^2 \times 3.5$$

（3）建立等式

$$\left(\frac{N_1}{N_2 + N_3}\right)^2 \times 8 = \left(\frac{N_1}{N_3}\right)^2 \times 3.5$$

$$\frac{N_2}{N_3} \approx \frac{1}{2}$$

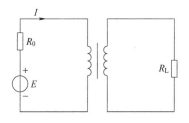
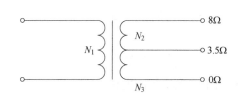

图 1.6.1　习题 6.24 图　　　　　　图 1.6.2　习题 6.25 图

【6.26】 图 1.6.3 所示的变压器有两个相同的一次绕组，每个绕组的额定电压为 110V，二次绕组的电压为 6.3V。

（1）试问当电源电压在 220V 和 110V 两种情况下，一次绕组的 4 个接线端应如何正确连接？在这两种情况下，二次绕组两端电压及其中电流有无改变？每个一次绕组中的电流有无改变？（设负载一定。）

（2）在图中，如果把接线端 2 和 4 相连，而把 1 和 3 接在 220V 的电源上，试分析这时将发生什么情况。

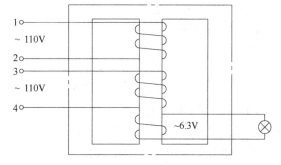

解：图 1.6.3 所示电路中，绕在同一铁心柱上的两个一次绕组，它们的绕向相同，1 和 3 两端是同极性端，2 和 4 两端也是同极性端。变压器绕组的接线端是有极性的。

图 1.6.3　习题 6.26 图

（1）当电源电压为 220V 时，应首先将 2 和 3 端接到一起，然后再将 1 和 4 端分别接到 220V 电源的两根电源线上（两个一次绕组串联）。

当电源电压为 110V 时，应首先将 1 和 3 端接到一起，2 和 4 端接到一起，然后再接到 110V 电源的两根电源线上（两个一次绕组并联）。

在这两种情况下，两个一次绕组上所加电压均为 110V，产生的磁通方向相同，互相加强。二次绕组的两端电压及其中电流相同，未改变。每个一次绕组中的电流也无改变。（设负载一定。）

（2）如果将 2 和 4 端相连，而把 1 和 3 端接到 220V 电源上，则造成电源短路。此种接法是错误的。这是因为：两个一次绕组由于极性接错，产生的磁通方向相反，互相抵消，感应电动势也互相抵消。由于合成磁通为零，感抗为零，产生很大的电流，两个一次绕组将被烧毁。

【6.27】 图 1.6.4 所示的是一电源变压器，一次绕组由 550 匝，接 220V 电压。二次绕组有两个：一个电压 36V，负载 36W；一个电压 12V，负载 24W。两个都是纯电阻负载。试求一次电流 I_1 和两个二次绕组的匝数。

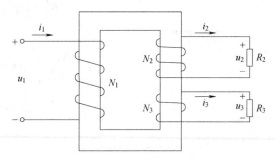

图 1.6.4　习题 6.27 图

解：（1）两个二次绕组的匝数

由于 $\dfrac{U_1}{U_2} = \dfrac{N_1}{N_2}$，$\dfrac{U_1}{U_3} = \dfrac{N_1}{N_3}$，则

$$N_2 = \frac{U_2}{U_1} N_1 = 90 \text{ 匝}$$

$$N_3 = \frac{U_3}{U_1} N_1 = 30 \text{ 匝}$$

（2）两个二次绕组的电流

$$I_2 = \frac{P_2}{U_2} = 1\text{A}$$

$$I_3 = \frac{P_3}{U_3} = 2\text{A}$$

（3）一次绕组的电流

由于是电阻性负载，因此

$$I_1 N_1 = I_2 N_2 + I_3 N_3$$

$$I_1 = \frac{I_2 N_2 + I_3 N_3}{N_1} \approx 0.273\text{A}$$

【6.28】 图 1.6.5 所示是一个有三个二次绕组的电源变压器，试问能得出多少种输出电压？

解：将三个绕组单独使用或按不同极性予以串联，可获得多种输出电压（因为三个二次绕组电压大小不同，所以不能并联输出）。

（1）三个二次绕组单独使用，可输出三种电压，分别为 1V、3V 和 9V。

（2）两个二次绕组顺向串联，可输出三种电压，分

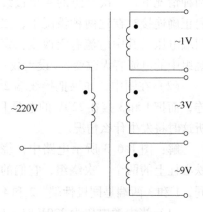

图 1.6.5　习题 6.28 图

别为

$$(1+3)V=4V, (1+9)V=10V, (3+9)V=12V$$

（3）两个二次绕组反向串联，可输出三种电压，分别为

$$(3-1)V=2V, (9-1)V=8V, (9-3)V=6V$$

（4）两个二次绕组顺向串联，再和余下的一个二次绕组反向串联，可输出三种电压，分别为

$$(9+3-1)V=11V, (9+1-3)V=7V, [9-(1+3)]V=5V$$

（5）三个二次绕组顺向串联，可输出一种电压，为 $(1+3+9)$ V $=13V$。

综上所述，由三个二次绕组可获得从1V至13V共13种输出电压。

【6.29】 某电源变压器各绕组的极性以及额定电压和额定电流如图1.6.6所示，二次绕组应如何连接能获得以下各种输出？

（1）24V/1A　　　（2）12V/2A　　　（3）32V/0.5A　　　（4）8V/0.5A

解： 为获得上述各种输出，变压器二次绕组的连接方法如下。

（1）输出24V/1A

将两个12V/1A绕组根据"·"标顺向串联（1-2-3-4）。

（2）输出12V/2A

将两个12V/1A绕组根据"·"标对应并联（1-3相连并延长引线，2-4相连并延长引线）。

（3）输出32V/0.5A

将12V/1A和20V/0.5A两个绕组根据"·"标顺向串联（3-4-5-6）。

（4）输出8V/0.5A

将12V/1A和20V/0.5A两个绕组根据"·"标反向串联（3-4-6-5）。

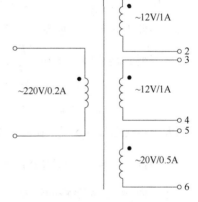

图1.6.6 习题6.29图

【6.30】 有一台单相照明变压器，额定容量为10kV·A，二次侧额定电压为220V，今在二次侧已接有100W/220V白炽灯50个，试问尚可接40W/220V、电流为0.41A的荧光灯多少只？设荧光灯镇流器消耗功率为8W。

解：（1）白炽灯消耗的功率为

$$P_1=100\times50W=5kW$$

变压器剩余5kV·A的容量。

（2）尚能接荧光灯的灯数

荧光灯电路的视在功率与平均功率为

$$S_2=U_2I_2=90.2V\cdot A$$

$$P_2=40W+8W=48W$$

荧光灯电路的功率因数为

$$\cos\varphi_2=\frac{P_2}{S_2}=\frac{48}{90.2}=0.53$$

则能接荧光灯的灯数为

$$n = \frac{5 \times 10^3 \times 0.53}{48} \approx 55 \text{（只）}$$

【6.31】 试说明在吸合过程中，交流电磁铁的吸力基本不变，而直流电磁铁的吸力与气隙 δ 的二次方成反比。

解： 交流电磁铁和直流电磁铁在吸合过程中，它们的气隙磁通和吸力的变化情况是完全不同的。

（1）交流电磁铁

由公式 $U \approx 4.44fN\Phi_m$ 可知，在电磁铁的衔铁吸合过程中，主磁通最大值 Φ_m 和磁感应强度最大值 B_m 基本不变（因为在吸合过程中 U、f、N 均不变）。

又由公式 $F = \frac{10^7}{16\pi}B_m^2 A_0 = \frac{10^7}{16\pi}\frac{\Phi_m^2}{A_0}$ 可知，吸力 F 也基本不变（因为在衔铁吸合过程中，气隙截面积 A_0 可认为基本不变）。

（2）直流电磁铁

由公式 $I = \frac{U}{R}$ 可知，线圈电流 I 只与电源电压 U 和线圈电阻 R 有关，而与气隙大小无关，因此 I 不变，磁通势 $F_m = NI$ 也不变。

根据磁路欧姆定律 $\Phi = \frac{F_m}{R_m}$，在衔铁吸合过程中，随着气隙 δ 的减小，磁阻 R_m 减小，在磁通势 F_m 不变的情况下，磁通 Φ 增大。

R_m 是全磁路的总磁阻，$R_m = R_{m1} + R_{m2}\delta$。式中，$R_{m1}$ 是铁心磁阻，$R_{m2}\delta$ 是气隙磁阻（$R_{m2}\delta$ 的大小与气隙长度 δ 成正比）。两者相比，$R_{m2}\delta \gg R_{m1}$，所以 $R_m \approx R_{m2}\delta \propto \delta$。

根据直流电磁铁吸力公式 $F = \frac{10^7}{8\pi}B_0^2 A_0 = \frac{10^7}{8\pi}\frac{\Phi_0^2}{A_0}$ 可知，吸力 F 与气隙磁通 Φ_0 的二次方成正比。而 Φ_0 就是磁路的磁通 Φ，因为

$$\Phi^2 = \left(\frac{F_m}{R_m}\right)^2 = \left(\frac{NI}{R_m}\right)^2 \propto \left(\frac{1}{R_{m2}\delta}\right)^2 \propto \left(\frac{1}{\delta}\right)^2 = \frac{1}{\delta^2}$$

所以，直流电磁铁的吸力 F 与气隙 δ 的二次方成反比。

【6.32】 有一交流接触器 CJO-10A，其线圈电压为 380V，匝数为 8750 匝，导线直径为 0.09mm。今要用在 220V 的电源上，问应如何改装？即计算线圈匝数和换用直径为多少毫米的导线。〔提示：（1）改装前后吸力不变，磁通最大值 Φ_m 应该保持不变；Φ_m 保持不变，改装前后磁通势应该相等；（3）电流与导线面积成正比。〕

解： 按题意要求，将原用于 380V 的交流接触器改装为用于 220V 的交流接触器，仍采用原铁心（其材料和尺寸不变），只改装线圈。

（1）改装后线圈的匝数

由吸力公式 $F = \frac{10^7}{16\pi}B_m^2 A_0$（$A_0$ 为铁心气隙的截面积）可知，为使吸力 F 不变，须使 B_m 和 Φ_m 不变。

改装前

$$\Phi_m \approx \frac{U_1}{4.44fN_1}$$

改装后

$$\Phi_{\mathrm{m}} \approx \frac{U_2}{4.44fN_2}$$

因此 $\dfrac{U_1}{4.44fN_1} = \dfrac{U_2}{4.44fN_2}$，则

$$\frac{U_1}{N_1} = \frac{U_2}{N_2}$$

$$N_2 = \frac{U_2}{U_1}N_1 = 5066 \text{ 匝}$$

（2）改装后线圈的线径

改装前后，线圈的磁通势应相等，即 $N_1I_1 = N_2I_2$，式中的 I_1 和 I_2 可以分别用导线的电流密度 J（单位面积所通的电流值）和导线的截面积 A 的乘积表示。于是，有以下各关系式：

$$I_1 = J_1A_1 = J_1\pi\left(\frac{d_1}{2}\right)^2 = \frac{\pi J_1 d_1^2}{4}$$

$$I_2 = J_2A_2 = J_2\pi\left(\frac{d_2}{2}\right)^2 = \frac{\pi J_2 d_2^2}{4}$$

式中，d_1 和 d_2 分别为改装前后所用导线的线径。因为磁通势相等，即

$$\frac{\pi J_1 d_1^2}{4} \times N_1 = \frac{\pi J_2 d_2^2}{4} \times N_2$$

改装前后所用导线的电流密度 J_1 和 J_2 近似相等，故有

$$d_1^2 N_1 = d_2^2 N_2$$

$$d_2^2 = \frac{N_1}{N_2}d_1^2$$

因此改装后线圈的线径为

$$d_2 = \sqrt{\frac{N_1}{N_2}}d_1 \approx 0.12\text{mm}$$

工业企业供电与安全用电

本章知识归纳

本章概述了电力系统的基本概念、工厂供电的特点及组成，以及防止触电的保护措施和安全用电的常识。

重要知识点

- 发电与输电的基本知识
- 工业企业配电的基本知识
- 安全用电的基本知识

习题解答

【7.1】判断题（对打"√"，错打"×"）

7.1.1 应急照明灯具不需要定期检查。（×）

7.1.2 工作许可制度是指工作间断、工作转移和工作全部完成后所作的规定。（×）

7.1.3 安全用电，以防为主。（√）

7.1.4 触电现场抢救中不能打强心针，也不能泼冷水。（√）

7.1.5 电伤是电流对人体内部器官造成的生理反应和病变。（×）

7.1.6 安全电压值取决于人体允许电流和电阻的大小。（√）

7.1.7 绝缘安全用具是用来防止工作人员直接电击的安全用具。（√）

7.1.8 电流种类不同，对人体的伤害程度不一样。（√）

7.1.9 我国规定的交流安全电压为220V、42V、36V、12V。（×）

7.1.10 绝缘手套和绝缘鞋要定期试验，试验周期一般为3个月。（×）

7.1.11 电网上并联电容器的作用是进行有功补偿。（×）

7.1.12 在测量绝缘电阻之前，必须断开被测设备的电源。（√）

7.1.13 接地体是指埋入地面以下直接与大地接触的金属导体。（√）

7.1.14 野外遇到雷电时，不要站在高大的树下，也不要接触或靠近避雷针或高大的金属物体，应寻找屋顶下有较大空间的地方。（√）

7.1.15 在测量绝缘电阻之前，必须断开被测设备的负载。（×）

7.1.16 接地能用来消除导体上的静电，但是不能用来消除绝缘体上的静电。（√）

7.1.17 装设接地线时，应先验电，后装设接地线。（√）

7.1.18 人体与带电体直接接触电击，两相电击比单相电击对人体的危险性大。（√）

7.1.19 接地线安装时，接地线直接缠绕在须接地的设备上即可。（×）

7.1.20 由于电压互感器的容量非常小，阻抗大，故二次侧严禁短路。（√）

7.1.21 接地是用来消除导体上的静电的，没有其他作用。（×）

7.1.22 用跌落保险（熔断器）切除变压器时，先分俩边相，再分中间相。（×）

7.1.23 负荷开关可以切断短路电流。（×）

7.1.24 火灾逃跑时，遇到浓烟，应直立行走。（×）

7.1.25 线路停电合闸操作的顺序是：开关—负荷侧刀开关—电源侧刀开关。（√）

7.1.26 电灼伤一般分为电烙印和皮肤金属化。（×）

7.1.27 绝缘夹钳一般每半年进行一次绝缘试验。（×）

7.1.28 停电检修的设备，各侧电源只要拉开断路器即可。（×）

7.1.29 脱硫所用的 380V 交流电是高压电。（×）

7.1.30 TN-C 系统是指电力系统中性点直接接地，整个系统的中性线与保护线是合一的。（√）

7.1.31 安全电压根据人体允许通过的电流与人体电阻的乘积为依据确定。（√）

7.1.32 安全接地是防止电击的基本保护措施。（√）

7.1.33 安全提示牌有：禁止类安全牌、警告类安全牌、指令类安全牌。（×）

7.1.34 保护金具分为电气和机械两大类。（√）

7.1.35 变电所运行中，如交接班时发生事故，应由接班人员负责处理。（×）

7.1.36 触电伤害程度与频率成正比，频率越大，伤害程度也越大。（×）

7.1.37 变压器的变比可近似认为等于一、二次电压有效值之比。（√）

7.1.38 倒闸操作一般由 2 人进行，1 人监护，1 人操作。（√）

7.1.39 触电急救时，任何药物都不能代替人工呼吸和胸外按压。（√）

7.1.40 绝缘手套和绝缘鞋由特种橡胶制成，以保证足够的防水性。（×）

7.1.41 防止电气误操作的措施包括组织措施和技术措施。（√）

7.1.42 电流流过人体，造成对人体的伤害称为电击。（√）

7.1.43 当电流流经人体内不同部位时，体内电阻的数值是相同的。（×）

7.1.44 我国变压器的额定频率为 50Hz。（√）

7.1.45 低压配电线路的电压为 10kV 及以下。（×）

7.1.46 按允许电压损失选择导线截面应满足线路电压损失≥允许电压损失。（×）

7.1.47 绝缘垫和绝缘毯可用于防止接触电压和跨步电压对人体的伤害。（√）

7.1.48 电流流过人体的路径，右手至脚比左手至脚的电流路径危险相对较小。（√）

7.1.49 电流流过人体的路径，右手至脚对人体的伤害程度最大。（×）

7.1.50 电流流过人体时，人体内部器官呈现的电阻称为体内电阻。（√）

7.1.51 电路中电阻较大时，可以起到较好的阻尼作用，使过电压较快消失。（√）

7.1.52 电动工器具应每半年全面检查测试一次。（√）

7.1.53 低压配电线路的电压为 220V/380V。（√）

7.1.54 防止人身电击，最根本的是对电气工作人员或用电人员进行安全教育和管

理。（√）

7.1.55　没有贴检验合格证的电动工器具只要性能符合要求也可以使用。（×）

7.1.56　电焊机二次线电压很低，对人体没有伤害。（×）

7.1.57　无论高压设备是否带电，工作人员不得单独移开或越过遮栏进行工作；若有必要移开遮栏时，应有监护人在场。（√）

7.1.58　我国规定直流安全电压的上限为220V。（×）

7.1.59　接地线必须是三相短路接地线，不得采用三相分别接地或单相接地。（√）

7.1.60　禁止类标示牌挂在已停电的断路器和隔离开关上的操作把手上，防止运行人员误合断路器和隔离开关。（√）

7.1.61　经济电流密度是指通过各种经济、技术方面的比较而得出的最合理的电流密度。（√）

7.1.62　警告类标示牌挂在已停电的断路器和隔离开关上的操作把手上，防止运行人员误合断路器和隔离开关。（×）

7.1.63　绝缘杆、绝缘夹钳在使用中应定期进行绝缘试验。（√）

7.1.64　绝缘杆的电压等级必须与所操作的电气设备的电压等级相同。（√）

7.1.65　绝缘杆的绝缘部分一般用硬塑料、胶木、玻璃钢或浸过绝缘漆的木料制成。（√）

7.1.66　绝缘杆工作部分不宜过长，以免操作时造成相间与接地短路。（√）

7.1.67　绝缘杆应存放在潮湿的地方，靠墙放好。（×）

7.1.68　绝缘夹钳主要用于接通或断开隔离开关、跌落保险（熔断器），装卸携带型接地线以及带电测量和试验等工作。（×）

7.1.69　绝缘手套和绝缘鞋使用后应擦净、晾干，并在绝缘手套上洒一些滑石粉。（√）

7.1.70　绝缘手套和绝缘鞋应存放在通风、阴凉的专用柜子里。（√）

7.1.71　我国规定直流安全电压的上限为72V。（√）

【7.2】单选题

7.2.1　（A）没有绝缘性能，主要用于防止停电检修时事故的发生。

A. 一般防护安全用具　　　　　　　B. 基本安全用具

C. 绝缘安全用具　　　　　　　　　D. 辅助安全用具

7.2.2　（A）是用来防止工作人员直接电击的安全用具。

A. 绝缘安全用具　　　　　　　　　B. 一般防护安全用具

C. 基本安全用具　　　　　　　　　D. 辅助安全用具

7.2.3　（B）是指不会使人发生电击危险的电压。

A. 短路电压　　　　B. 安全电压　　　　C. 跨步电压　　　　D. 故障电压

7.2.4　（B）主要用于接通或断开隔离开关、跌落保险（熔断器），装卸携带型接地线以及带电测量和试验等工作。

A. 验电器　　　　　B. 绝缘杆　　　　　C. 绝缘夹钳　　　　D. 绝缘手套

7.2.5　（B）还具有非接触性检验高、低压线路是否断电和断线的功能。

A. 回转式高压验电器　　　　　　　B. 近电报警器

C. 低压验电笔　　　　　　　　　　D. 声光型高压验电器

7.2.6 （B）主要由钾或钠的碳酸盐类加入滑石粉、硅藻土等掺合而成。

A. 二氧化碳灭火器　　　　　　　　　　B. 干粉灭火器

C. 泡沫灭火器　　　　　　　　　　　　D. "1211" 灭火器

7.2.7 （C）的作用是用于做拉线的连接、紧固和调节。

A. 支持金具　　　　B. 连接金具　　　　C. 拉线金具　　　　D. 保护金具

7.2.8 （C）是利用硫酸或硫酸铝与碳酸氢钠作用放出二氧化碳的原理制成的。

A. 二氧化碳灭火器　　　　　　　　　　B. 干粉灭火器

C. 泡沫灭火器　　　　　　　　　　　　D. "1211" 灭火器

7.2.9 （D）是架空电力线路导线之间及导线对地的自然绝缘介质。

A. 金具　　　　　　B. 杆塔　　　　　　C. 绝缘子　　　　　D. 空气

7.2.10 （D）指工作间断、工作转移和工作全部完成后所作的规定。

A. 工作票制度　　　　　　　　　　　　B. 工作许可制度

C. 工作监护制度　　　　　　　　　　　D. 工作间断、转移和终结制度

7.2.11 （D）的主干线上不允许装设断路器或熔断器。

A. U 相线　　　　　B. V 相线　　　　　C. W 相线　　　　　D. N 线

7.2.12 （A）用于防止导线在档距中间互相吸引、鞭击。

A. 间隔棒　　　　　B. 重锤　　　　　　C. 防震锤　　　　　D. 护线条

7.2.13 （B）的作用是将悬式绝缘子组装成串，并将一串或数串绝缘子连接起来悬挂在横担上。

A. 支持金具　　　　B. 连接金具　　　　C. 接续金具　　　　D. 保护金具

7.2.14 （B）的大小与电源电压、负载性质、电弧电流变化速率等因素有关。

A. 触头间恢复电压　　　　　　　　　　B. 触头间介质击穿电压

C. 电源电压

7.2.15 施工现场照明设施的接电应采取的防触电措施为（B）。

A. 戴绝缘手套　　B. 切断电源　　C. 站在绝缘板上　　D. 使用绝缘夹钳

7.2.16 220V/380V 低压系统，如人体电阻为 1000Ω，则遭受单相电击时，通过人体的电流均为（B）。

A. 30mA　　　　　B. 220mA　　　　　C. 380mA　　　　　D. 1000mA

7.2.17 为了防止静电火花引起事故，凡是加工、贮存、运输各种易燃气、液、粉体的设备金属管和非导电材料管都必须（A）。

A. 可靠接地　　　　　　　　　　　　　B. 有足过小的电阻

C. 有足过大的电阻　　　　　　　　　　D. 电阻为零

7.2.18 带电灭火时，不得采用（C）。

A. 干粉灭火器　　　　　　　　　　　　B. "1211" 灭火器

C. 泡沫灭火器　　　　　　　　　　　　D. 二氧化碳灭火器

7.2.19 居民楼住宅的剩余电流和动作保护器，漏电动作电流和动作时间为（B）。

A. 30mA、0.2s　　B. 30mA、0.1s　　C. 20mA、0.2s　　D. 20mA、0.1s

7.2.20 在进行人工呼吸时，为确保气道通畅，可在（B）部下方垫适量厚度的物品。

A. 头　　　　　　　B. 颈　　　　　　　C. 头或颈　　　　　D. 背

7.2.21 设备或线路的确认无电，应以（B）指示作为根据。

A. 电压表　　　　　B. 验电器　　　　　C. 断开信号　　　　　D. 控制电源

7.2.22 停在高压电线上的小鸟不会触电是因为（D）。

A. 小鸟是绝缘体，所以不会触电

B. 高压线外面包有一层绝缘层

C. 小鸟的适应性强，耐高压

D. 小鸟只停在一根电线上，两爪间的电压很小

7.2.23 对同杆塔架设的多层电力线路进行验电时，应先验低压、后验高压，（D），先验近侧、后验远侧。

A. 先验上层、后验下层　　　　　　　B. 同时验上、下层

C. 只验检修的电压等级线路　　　　　D. 先验下层、后验上层

7.2.24 电器起火时，要先（B）。

A. 打家里电话报警　　　　　　　　　B. 切断电源

C. 用灭火器灭火　　　　　　　　　　D. 赶紧远离电器

7.2.25 安全提示牌分为指令类安全牌、警告类安全牌、（A）。

A. 禁止类安全牌　　　　　　　　　　B. 预防类安全牌

C. 提醒类安全牌　　　　　　　　　　D. 允许类安全牌

7.2.26 当电压上升时，白炽灯的（C）将下降。

A. 发光效率　　　　　B. 光通量　　　　　C. 寿命　　　　　D. 亮度

7.2.27 倒闸操作前，应先在（B）进行模拟操作。

A. 实际设备上　　　　B. 模拟图板上　　　C. 操作票上　　　D. 空白纸上

7.2.28 电流对人体的伤害可以分为（A）两种类型。

A. 电伤、电击　　　　B. 触电、电击　　　C. 电伤、电烙印　　　D. 触电、电烙印

7.2.29 电气设备由一种运行状态转换到另一种状态，或改变电气一次系统运行方式所进行的操作称为（C）。

A. 调度操作　　　　　B. 转换操作　　　　C. 倒闸操作　　　D. 电气操作

7.2.30 工作地点中，10kV设备带电部分与工作人员在进行工作中正常活动范围的距离小于（C）m时，设备应停电。

A. 0.7　　　　　　　B. 1.0　　　　　　C. 0.35　　　　　D. 1.5

7.2.31 工作票执行过程中，如需变更工作负责人应由（C）将变动情况记录在工作票上。

A. 工作许可人　　　　　　　　　　　B. 运行值班人员

C. 工作票签发人　　　　　　　　　　D. 工作班成员

7.2.32 线路上有人工作时，应在线路断路器和隔离开关的操作手把上悬挂：（A）

A. 禁止合闸，线路有人工作!　　　　B. 止步，高压危险!

C. 禁止攀登，高压危险!　　　　　　D. 在此工作!

7.2.33 引发电气火灾要具备的两个条件为：有易燃的环境和（B）。

A. 易燃物质　　　　　　　　　　　　B. 引燃条件

C. 温度　　　　　　　　　　　　　　D. 干燥天气

7.2.34 装卸高压熔断器时，应（A），必要时使用绝缘夹钳，并站在绝缘垫或绝缘台上。

A. 戴护目镜和绝缘手套　　　　　　　　B. 戴绝缘手套和装设接地线

C. 戴护目镜和装设接地线　　　　　　　D. 戴绝缘手套和装设遮栏

7.2.35 人体与带电体直接接触电击，以（B）对人体的危险性最大。

A. 中性点直接接地系统的单相电击

B. 两相电击

C. 中性点不直接接地系统的单相电击

7.2.36 下列不属于安全牌的种类是（D）。

A. 禁止类　　　　B. 警告类　　　　C. 指令类　　　　D. 标示类

7.2.37 下列各项中不属于"电气五防"闭锁措施的是（B）。

A. 防误与防止误入带电间隔　　　　　　B. 防止没有调度命令就操作

C. 防止误拉误合断路器或隔离开关　　　D. 防止带负荷拉合隔离开关

7.2.38 被电击的人能否获救，关键在于（C）。

A. 触电方式　　　　　　　　　　　　　B. 触电电压的高低

C. 能否尽快脱离电源和施行紧急救护　　D. 人体电阻的大小

7.2.39 电线接地时，人体距离接地点越近，跨步电压越高，距离接地点越远，跨步电压越低，一般情况下距离接地点（B），跨步电压可看成是零。

A. 20m 以内　　　B. 20m 以外　　　C. 30m 以内　　　D. 30m 以外

7.2.40 一般居民住宅、办公场所，若以防止触电为主要目的时，应选用漏电动作电流为（C）mA。

A. 10　　　　　　B. 20　　　　　　C. 30　　　　　　D. 40

7.2.41 电器绝缘部分破损或泡水时，要先（D）。

A. 打家里电话报警　　　　　　　　　　B. 用灭火器灭火

C. 赶紧远离电器　　　　　　　　　　　D. 切断电源

7.2.42 防止人身触电最根本的措施是（A）。

A. 对电气工作人员或用电人员进行安全教育和管理

B. 绝缘盒屏护措施

C. 在容易触电的场合采用安全电压

D. 对电气设备进行安全接地

7.2.43 下列各项内容不应该填入操作票内的是（A）。

A. 有载调压开关操作　　　　　　　　　B. 检查负荷分配和装拆接地线等

C. 应拉合的断路器和隔离开关　　　　　D. 检查断路器、隔离开关实际位置

7.2.44 10kV 架空线路当档距为 50m 时，各相导线间的最小间距是（B）。

A. 1.00m　　　　　B. 0.65m　　　　　C. 0.4m

7.2.45 变配电设备防护雷电侵入波过电压的主要措施是装设（B）。

A. 避雷线　　　　　B. 避雷器　　　　　C. 避雷网

7.2.46 安全用接地线在新国标中应采用（C）。

A. 淡蓝　　　　　　B. 黑　　　　　　　C. 绿/黄双色线

7.2.47 野外带电灭火时，最好采用（A）。

A. 干式灭火器   B. 二氧化碳灭火器   C. 泡沫灭火器

7.2.48 变电所运行中，值班长每班至少全面巡视（A）。

A. 一次   B. 二次   C. 三次   D. 四次

7.2.49 下列不属于电气安全的特点是（D）。

A. 抽象性   B. 广泛性   C. 综合性   D. 灵敏性

7.2.50 下列各项操作中可以不填入操作票的是（D）。

A. 应拉合的开关和刀开关   B. 检查开关和刀开关的位置

C. 检查接地线是否拆除   D. 拉合断路器（开关）的单一操作

7.2.51 下列不属于一般防护安全用具的是（D）。

A. 安全带   B. 安全帽   C. 携带型接地线   D. 电笔

7.2.52 下列不属于在电气设备上作业时保证安全的组织措施的是（B）。

A. 工作票制度   B. 操作票制度   C. 工作许可制度   D. 工作监护制度

7.2.53 下列不属于电气接头温度的监视方法的是（C）。

A. 示温蜡片   B. 变色漆   C. 温度计   D. 红外线测温仪

7.2.54 下列当中（C）不属于电击伤害留下的特征。

A. 电标   B. 电纹   C. 电灼伤   D. 电流斑

7.2.55 变电所在（C）可以进行交接班。

A. 事故处理中   B. 倒闸操作中   C. 正常运行时

7.2.56 变电站的电气工作，如当日内工作间断，工作人员从现场撤离，工作票应由（D）收执。

A. 工作班成员   B. 工作票签发人   C. 工作许可人   D. 工作负责人

7.2.57 倒闸操作一般由（B）人进行。

A. 一   B. 二   C. 三   D. 四

7.2.58 倒闸操作一般由2人进行，1人（B），1人监护。

A. 唱票   B. 操作   C. 指挥   D. 监督

7.2.59 电气安全用具按其基本作用可分为（A）。

A. 绝缘安全用具和一般防护安全用具   B. 基本安全用具和辅助安全用具

C. 绝缘安全用具和辅助安全用具   D. 基本安全用具和一般防护安全用具

7.2.60 电气设备由事故转为检修时，应（B）。

A. 填写工作票   B. 可不填写工作票，直接检修

C. 汇报领导，进行检修

7.2.61 禁止类标示牌制作时（C）。

A. 背景用红色，文字用白色   B. 背景用白色，边用红色，文字用黑色

C. 背景用白色，文字用红色   D. 背景红色，边用白色，文字用黑色

7.2.62 绝缘安全用具分为基本安全用具、（C）。

A. 一般防护安全用具   B. 接地装置

C. 辅助安全用具   D. 电气安全用具

7.2.63 绝缘垫应定期检查试验，试验周期一般为（D）。

A. 1 月   B. 半年   C. 1 年   D. 2 年

7.2.64 绝缘杆从结构上可分为工作部分、（D）和握手部分三部分。

A. 带电部分   B. 接地部分   C. 短路部分   D. 绝缘部分

7.2.65 绝缘杆工作部分不宜过长，一般长度为（B），以免操作时造成相间或接地短路。

A. 2～5cm   B. 5～8cm   C. 8～10cm   D. 10～15cm

7.2.66 绝缘杆一般每（C）检查一次，检查有无裂纹、机械损伤、绝缘层破坏等。

A. 1 个月   B. 2 个月   C. 3 个月   D. 6 个月

7.2.67 绝缘杆一般每（D）进行一次绝缘试验。

A. 1 个月   B. 3 个月   C. 6 个月   D. 12 个月

7.2.68 绝缘夹钳的结构由（D）、钳绝缘部分和握手部分组成。

A. 带电部分   B. 接地部分   C. 短路部分   D. 工作钳口

7.2.69 绝缘夹钳主要用于（A）的电力系统。

A. 35kV 及以下   B. 110kV   C. 220kV   D. 500kV

7.2.70 绝缘手套和绝缘鞋使用后应擦净、晾干，并在绝缘手套上洒一些（D）。

A. 水   B. 油   C. 面粉   D. 滑石粉

7.2.71 绝缘手套和绝缘鞋要定期试验，试验周期一般为（C）个月。

A. 1   B. 3   C. 6   D. 12

7.2.72 绝缘手套和绝缘鞋应存放在通风、阴凉的专用柜子里，湿度一般在（C）范围内。

A. 10%～30%   B. 30%～50%   C. 50%～70%   D. 70%～80%

7.2.73 绝缘手套和绝缘鞋应放在通风、阴凉的专用柜子里，温度一般在（B）范围内。

A. 0～5℃   B. 5～20℃   C. 20～40℃   D. 40～60℃

7.2.74 绝缘手套和绝缘鞋由特种橡胶制成，以保证足够的（D）。

A. 导电性   B. 防水性   C. 耐热性   D. 绝缘性

7.2.75 绝缘站台台面边缘不超出绝缘子以外，绝缘子高度不小于（B）。

A. 5cm   B. 10cm   C. 15cm   D. 20cm

7.2.76 下列（B）三种用具是在电气操作中使用的绝缘安全用具。

A. 绝缘手套、验电器、携带型接地线   B. 绝缘鞋、验电器、绝缘垫

C. 验电器、绝缘鞋、标示牌   D. 绝缘手套、绝缘鞋、临时遮栏

7.2.77 下列（D）三种用具是在低压操作中使用的一般防护安全用具。

A. 绝缘手套、验电器、携带型接地线   B. 绝缘鞋、验电器、绝缘站台

C. 验电器、绝缘鞋、标示牌   D. 携带型接地线、标示牌、临时遮栏

7.2.78 下列（A）是电力系统无功电源之一，以提高系统的功率因数。

A. 移相电容器   B. 脉冲电容器   C. 耦合电容器

7.2.79 下列（B）两种用具是在电气操作中使用的辅助安全用具。

A. 绝缘手套、验电器   B. 绝缘鞋、绝缘垫

C. 验电器、绝缘夹钳　　　　　　　　　D. 绝缘手套、临时遮栏

7.2.80　下列的（D）属于指令类安全牌。

A. 禁止烟火！　　　B. 当心电击！　　　C. 注意安全！　　　D. 必须戴安全帽！

7.2.81　下列的（D）属于警告类标示牌。

A. 禁止烟火！　　　　　　　　　　　　B. 禁止合闸，有人工作！

C. 在此工作！　　　　　　　　　　　　D. 止步，高压危险！

7.2.82　下列的（B）属于警告类安全牌。

A. 禁止烟火！　　　　　　　　　　　　B. 注意安全！

C. 必须戴防护手套！　　　　　　　　　D. 必须戴安全帽！

【7.3】 多选题

7.3.1　（BC）是相与相之间通过金属导体、电弧或其他较小阻抗连接而形成的短路。

A. 单相接地　　　B. 两相接地短路　　　C. 两相短路　　　D. 三相短路

7.3.2　安全牌按用途可分为：（ABC）。

A. 禁止类：白底红字，200mm×100mm，800mm×50mm。

B. 允许类：绿底板、白圈、黑字，2500mm×250mm。

C. 警告类：白底、红边、黑字，2500mm×200mm。

7.3.3　安全牌分为（ABC）。

A. 禁止类安全牌　　　　　　　　　　　B. 警告类安全牌

C. 指令类安全牌　　　　　　　　　　　D. 允许类安全牌

7.3.4　防止人身电击的技术措施包括（ABC）。

A. 绝缘和屏护措施　　　　　　　　　　B. 在容易电击的场合采用安全电压

C. 电气设备进行安全接地　　　　　　　D. 采用微机保护

7.3.5　下列（BDE）是一般防护安全用具。

A. 验电器　　　B. 标示牌　　　C. 绝缘手套　　　D. 临时遮栏

E. 携带型接地线　　F. 绝缘垫

7.3.6　停电作业在作业前必须完成（ABCD）等安全技术措施，以消除工作人员在工作中电击的可能。

A. 停电及验电　　B. 挂接地线　　　C. 挂标示牌　　　D. 设置临时遮栏

7.3.7　下列（AB）地方应悬挂"禁止合闸，线路有人工作！"的标示牌。

A. 一经合闸即可送电到线路上工作地点的隔离开关（刀开关）的操作把手上

B. 一经合闸即可送电到线路上工作地点的断路器（开关）操作把手上

C. 一经合闸即可送电到站内工作地点的断路器（开关）操作把手上

D. 一经合闸即可送电到站内工作地点的隔离开关（刀开关）的操作把手上

7.3.8　变配电所电气设备常用的巡视检查方法有（ABD）。

A. 目测法　　　B. 耳听法　　　C. 手触法　　　D. 鼻嗅法

7.3.9　在原工作票的停电范围内增加工作任务时，应（AC）。

A. 在工作票上增填工作项目

B. 在工作票上增填安全措施

C. 由工作负责人征得工作票签发人和工作许可人同意

D. 由工作负责人征得工作班成员同意

7.3.10　个人保安线应在杆塔上接触或接近导线的作业开始前挂接，作业结束脱离导线后拆除。拆除时，应（BD）。装设个人保安线的顺序与此相反，且接触良好，连接可靠。

A. 先接接地端　　　B. 先接导线端　　　C. 后接导线端　　　D. 后接接地端

7.3.11　所谓倒闸操作票的三级审查包括（ABD）。

A. 填写人自审　　　　　　　　　B. 监护人复审

C. 领导审查批准　　　　　　　　D. 值班负责人审查批准

7.3.12　对无法进行直接验电的设备、高压直流输电设备和雨雪天气时的户外设备，可以进行间接验电。即通过设备的（ABCD）等信号的变化来判断。

A. 仪表　　　　　B. 电气指示　　　　C. 带电显示装置　　　D. 各种遥测、遥信

E. 机械指示位置

7.3.13　防止人身电击的接地保护包括（AC）。

A. 保护接地　　　B. 零序保护　　　　C. 工作接地　　　　D. 过电流

7.3.14　变配电所常见的事故或故障类别有（ABCD）。

A. 断线　　　　　B. 短路　　　　　　C. 错误接线　　　　D. 错误操作

7.3.15　当电压降低时，白炽灯的（AB）将下降。

A. 发光效率　　　B. 光通量　　　　　C. 寿命　　　　　　D. 功率因数

7.3.16　电击使人致死的原因有（ACD）。

A. 流过心脏的电流过大、持续时间过长，引起"心室纤维性颤动"

B. 高温电弧使周围金属熔化、蒸发并飞溅渗透到皮肤表面形成的伤害

C. 电流大，使人产生窒息

D. 电流作用使心脏停止跳动

7.3.17　电气安全用具按其基本作用可分为：（AB）。

A. 绝缘安全用具　　　　　　　　B. 一般防护安全用具

C. 基本安全用具　　　　　　　　D. 辅助安全用具

7.3.18　电气着火源的可能产生原因有（ABCD）。

A. 电气设备或电气线路过热　　　B. 电花和电弧

C. 静电　　　　　　　　　　　　D. 照明器具或电热设备使用不当

7.3.19　电伤是指由于电流的热效应、化学效应、机械效应对人体的外表造成的局部伤害，如（ABC）。

A. 电灼伤　　　　B. 电烙印　　　　　C. 皮肤金属化

7.3.20　防止电气误操作的组织措施有（ACDF）。

A. 操作命令和操作命令复诵制度　　　B. 工作间断、转移和终结制度

C. 操作监护制度　　　　　　　　　　D. 操作票管理制度

E. 工作票制度　　　　　　　　　　　F. 操作票制度

7.3.21　防止电气误操作的措施有（AC）。

A. 组织措施　　　B. 安全措施　　　　C. 技术措施　　　　D. 现场措施

7.3.22　防止负载失衡而采取的保护包括（AB）。

A. 保护接地　　　B. 零序保护　　　　C. 工作接地　　　　D. 过电流

7.3.23 防止误操作的闭锁装置有（ABCD）。

A. 机械闭锁   B. 电气闭锁   C. 电磁闭锁   D. 微机闭锁

7.3.24 高压开关柜的五防联锁功能是指（ABCDE）。

A. 防带电拉合隔离开关   B. 防误分合断路器

C. 防带接地线合断路器   D. 防带电合接地刀开关

E. 防误入带电间隔

7.3.25 高压验电器的结构分为（AD）两部分。

A. 指示器   B. 电容器   C. 绝缘器   D. 支持器

7.3.26 隔离开关的主要作用包括（ABD）。

A. 隔离电源   B. 倒闸操作

C. 通断负荷电流   D. 拉合无电流或小电流电路

7.3.27 间接接触电击包括（BC）。

A. 单相电击   B. 接触电压电击

C. 跨步电压电击   D. 两相电击

7.3.28 接地线的作用是（ABC）。

A. 当工作地点突然来电时，能防止工作人员遭受电击伤害

B. 当停电设备突然来电时，接地线造成三相短路，使保护动作，消除来电

C. 泻放停电设备由于各种原因产生的电荷

D. 与大地绝缘

7.3.29 禁止类标示牌制作时背景用白色，文字用红色，尺寸采用（BD）。

A. 200mm×250mm   B. 200mm×100mm   C. 100mm×250mm   D. 80mm×50mm

7.3.30 绝缘安全用具分为（CD）。

A. 一般防护安全用具   B. 接地装置

C. 辅助安全用具   D. 基本安全用具

7.3.31 以下（ABD）属于禁止类安全牌。

A. 禁止烟火！   B. 禁止通行！   C. 注意安全！   D. 禁止开动！

7.3.32 以下（ABD）属于指令类安全牌。

A. 必须戴防护手套！   B. 必须戴护目镜！

C. 注意安全！   D. 必须戴安全帽！

7.3.33 以下（BCD）属于电伤。

A. 电击   B. 灼伤   C. 电烙印   D. 皮肤金属化

7.3.34 在电气设备上工作，保证安全的组织措施有（ABCF）。

A. 工作许可制度   B. 工作监护制度

C. 工作票制   D. 交接班制度

E. 操作票制度   F. 工作间断、转移制度和验收制度

7.3.35 在电气设备上工作，保证安全的技术措施有（ABDE）。

A. 停电   B. 验电

C. 放电   D. 装设遮拦和悬挂标示牌

E. 挂接地线   F. 安全巡视

7.3.36 变电所工作许可制度中，工作许可应完成（ABCD）。

A. 审查工作票　　　 B. 布置安全措施　　　 C. 检查安全措施　　　 D. 签发许可工作票

7.3.37 执行工作票制度有如下方式：（AD）。

A. 执行口头或电话命令　　　　　 B. 认真执行安全规程

C. 穿工作服、戴安全帽　　　　　 D. 填用工作票

7.3.38 工作票中的人员包括（BCDEF）。

A. 安全员　　　　 B. 工作负责人　　　 C. 工作票签发人

D. 工作许可人　　 E. 值长　　　　　　 F. 工作班成员

7.3.39 供配电系统中，下列的（ACD）需要采用接地保护。

A. 屋内外配电装置的金属或钢筋混凝土构架

B. 变压器的引线

C. 带电设备的金属护网

D. 断路器的金属外壳

▶ 第八章

半导体器件

★ 助您快速理解、掌握重点难点

　　对含有二极管的电路分析题，是考查是否掌握了二极管的特性和应用的常见题型。对含有二极管的电路的分析方法可用六字秘诀：一断、二算、三判！即第一步先断开二极管，第二步在断开二极管以后的电路中计算二极管两端断点处的电位值，第三步根据电位值判断接上二极管后，二极管在电路中是否导通（若阳极电位高于阴极电位，则导通相当于短路，反之则截止相当于断路）；如果电路中含有多个二极管，那么在六字秘诀的基础上要考虑哪个二极管率先导通（哪个二极管阳极阴极的电位差最大，则这个二极管就率先导通），一个二极管率先导通后，再重复六字法依次判断其他二极管是否导通。当判断出电路中的二极管是否导通后，剩下的分析就和以前所学的线性电路分析完全一样了！

　　判断晶体管的工作状态也是本章的重点和难点，其方法为：第一步，根据电路计算基极电流 I_B；第二步，计算临界饱和时的基极电流 I_L（这一步是关键，根据 $I_B = I_C/\beta = (U_{CC} - U_{CE})/(R_C\beta)$ 可知，当 U_{CE}（集射极间电压）刚好等于 0 时计算出的基极电流就是临界饱和时的基极电流 I_L）；第三步，判断结果，如果 $I_B \leqslant 0$ 那么晶体管处于截止状态，如果 $I_B \geqslant I_L$ 那么晶体管处于饱和或深度饱和状态，如果 $0 \leqslant I_B \leqslant I_L$ 那么晶体管处于放大状态。

　　关于对"饱和"的解释：晶体管虽然具有电流放大作用，但它的放大能力不是无限的，在一定条件下（比如电源一定）它的放大能力有一个极限值，达到这个极限值后，即使再增加基极电流，集电极电流也不会再增加了。一方面，晶体管之所以有放大作用，是牺牲了电源 U_{cc} 的能量，由能量转换来的，而电源的能量是有限的；另一方面，晶体管内部载流子的数量也是有限的，当所有载流子都参与了运动后，就不具有进一步的放大能力了，就像一匹马去拉仓库的粮食，粮食都拉完了，即使这匹马还有很大力气，运送的粮食也只有那么多了！如果把电源比作马，把载流子比作粮食，马匹运送粮食的数量比作电流 I_C，那么你理解"饱和"的概念就易如反掌了！

　　（声明：原创内容，未经授权不得公开使用！）

重要知识点

- 了解半导体材料的特性和类型
- 理解 PN 结的结构和特性

- 掌握二极管的单向导电性、含有二极管的电路分析方法
- 理解晶体管的三种工作状态、电流放大原理，掌握晶体管输入/输出电路的分析方法
- 了解稳压二极管的特点和应用、其他几种常用的二极管

本章总结

半导体和半导体器件是电子技术的基础，二极管和晶体管是最常用的半导体器件。它们的基本结构、工作原理、特性和参数是学习电子技术和分析电子电路必不可少的基础，而 PN 结又是构成各种半导体器件的共同基础。

1. 半导体材料是导电特性介于绝缘体和导体之间的一种材料，具有热敏性、光敏性和掺杂性。

2. PN 结的最显著特性是具有单向导电性。

3. 二极管具有单向导电性，阳极电位高于阴极电位时（并且电位差大于死区电压）二极管导通。对含有二极管的电路进行分析，方法是一断（先断开二极管）、二算（计算阳极和阴极处的电位大小）、三判（判断接上二极管后该二极管是导通状态还是截止状态）。

4. 晶体管具有放大、饱和、截止三种工作状态，在电子电路应用中有放大（组成放大电路）、开关（组成开关电路）作用。在晶体管输入/输出电路分析中，要注意临界饱和的有关计算，处于深度饱和时晶体管集射极间的电压(U_{CE})约等于 0。

5. 稳压二极管是工作在反向击穿区，在含有稳压二极管的电路中，稳压二极管两端的电压取决于该稳压二极管的稳压值。

习题解答

【8.1】 图 1.8.1a 所示是输入电压 u_i 的波形。试画出图 1.8.1b 所示电路对应于 u_i 的输出电压 u_o、电阻 R 上电压 u_R 和二极管 VD 上电压 U_{VD} 的波形，并用基尔霍夫电压定律检验各电压之间的关系。二极管的正向压降可忽略不计。

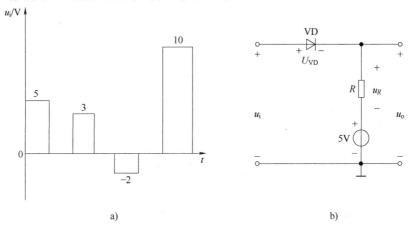

a)   b)

图 1.8.1 习题 8.1 图

解：当 u_i 大于 5V 时，二极管 VD 导通，$u_o = u_i$；当 u_i 小于等于 5V 时，二极管 VD 截止，$u_o = 5V$。对应于 u_i 的 u_o、u_R 和 u_{VD} 的波形如图 1.8.2 所示。

根据基尔霍夫电压定律，任何时刻都满足关系式 $u_i = u_{VD} + u_o$ 和 $u_o = u_R + 5$。

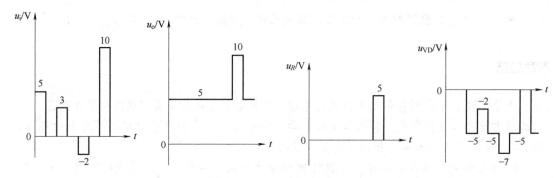

图 1.8.2   习题 8.1 题解图

【8.2】 在图 1.8.3 所示的各电路中，$U = 5V$，$u_i = 10\sin \omega t\,V$，二极管的正向压降可忽略不计，试分别画出输出电压 u_o 的波形。这四种电路均为二极管削波电路。

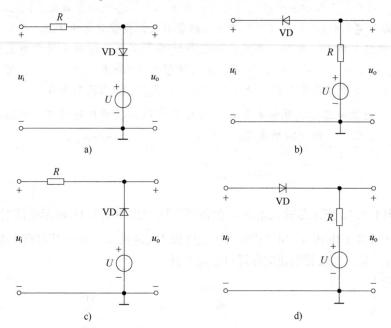

图 1.8.3   习题 8.2 图

解：分析如下。

图 1.8.3a 所示电路中，$u_i > U$ 时，二极管导通，$u_o = U$；$u_i \leqslant U$ 时，二极管截止，$u_o = u_i$。

图 1.8.3b 所示电路中，$u_i \geqslant U$ 时，二极管截止，$u_o = U$；$u_i < U$ 时，二极管导通，$u_o = u_i$。

图 1.8.3c 所示电路中，$u_i < U$ 时，二极管导通，$u_o = U$；$u_i \geqslant U$ 时，二极管截止，$u_o = u_i$。

图1.8.3d 所示电路中，$u_i \leqslant U$ 时，二极管截止，$u_o = U$；$u_i > U$ 时，二极管导通，$u_o = u_i$。

所以，图1.8.3a、b 所示电路的输出电压波形图如图1.8.4a 所示；图1.8.3c、d 所示电路的输出电压波形图如图1.8.4b 所示。

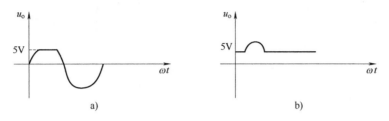

图 1.8.4　习题 8.2 题解图

【8.3】 在图1.8.5 所示的两个电路中，已知 $u_i = 30\sin \omega t \text{V}$，二极管的正向压降可忽略不计，试分别画出输出电压 u_o 的波形。

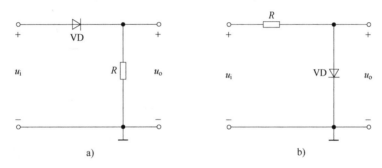

图 1.8.5　习题 8.3 图

解：图1.8.5 所示的两个电路的输出 u_o 的波形分别如图1.8.6a 和 b 所示。在 u_i 的正半波时，二极管正偏导通，输入电压几乎全部加在电阻两端；在 u_i 的负半波时，二极管反偏截止，由于二极管反向截止时的等效电阻非常大，此时的输入电压几乎全部加在二极管两端。

【8.4】 在图1.8.7 中，试求下列几种情况下输出端 Y 的电位 V_Y 及各元器件（R、VD_A，VD_B）中通过的电流：（1）$V_A = V_B = 0\text{V}$；（2）$V_A = +3\text{V}$，$V_B = 0\text{V}$；（3）$V_A = V_B = +3\text{V}$。二极管的正向压降可忽略不计。

解：各元器件电流和各点电位如图1.8.8 所示。

（1）VD_A、VD_B 均导通，V_Y 被钳位在 0V。各元器件电流分别为

$$I_R = \frac{12}{3.9}\text{mA} = 3.08\text{mA}$$

$$I_A = I_B = \frac{1}{2}I_R = 1.54\text{mA}$$

（2）VD_B 导通，V_Y 被钳位在 0V，VD_A 因反偏而截止。各元器件电流分别为

$$I_R = \frac{12}{3.9}\text{mA} = 3.08\text{mA}$$

$$I_A = 0$$

$$I_B = I_R = 3.08\text{mA}$$

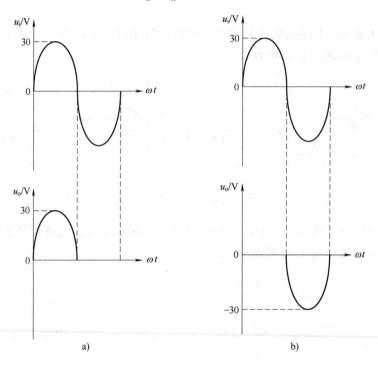

a)   b)

图 1.8.6 习题 8.3 题解图

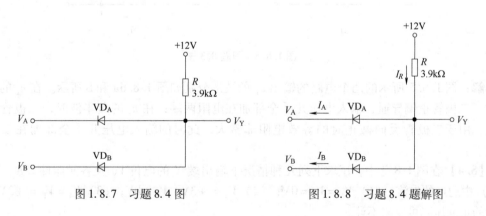

图 1.8.7 习题 8.4 图   图 1.8.8 习题 8.4 题解图

（3）VD_A、VD_B 均导通，V_Y 被钳位在 3V。各元器件电流分别为

$$I_R = \frac{12-3}{3.9}\text{mA} = 2.31\text{mA}$$

$$I_A = I_B = \frac{1}{2}I_R = 1.15\text{mA}$$

【8.5】 在图 1.8.9 中，试求下列几种情况下输出端电位及各元器件中通过的电流：（1）$V_A = +10\text{V}$，$V_B = 0\text{V}$；（2）$V_A = +6\text{V}$，$V_B = +5.8\text{V}$；（3）$V_A = V_B = +5\text{V}$。设二极管的正向电阻为零，反向电阻为无穷大。

解：各元器件电流和各点电位如图 1.8.10 所示。

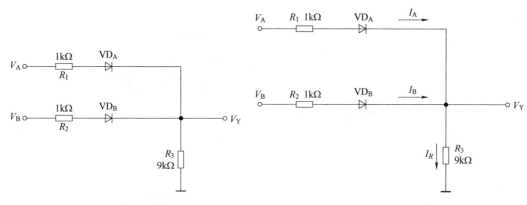

图1.8.9 习题8.5图   图1.8.10 习题8.5题解图

（1）VD_A 导通，VD_B 截止，则

$$V_Y = \frac{R_3}{R_1 + R_3} \times V_A = \frac{9}{9+1} \times 10V = 9V$$

$$I_A = I_R = \frac{V_Y}{R_3} = \frac{9}{9}mA = 1mA$$

$$I_B = 0$$

（2）设 VD_A、VD_B 均导通，由节点电压法可得到

$$V_Y = \frac{\dfrac{V_A}{R_1} + \dfrac{V_B}{R_2}}{\dfrac{1}{R_1} + \dfrac{1}{R_2} + \dfrac{1}{R_3}} = \frac{\dfrac{6}{1} + \dfrac{5.8}{1}}{\dfrac{1}{1} + \dfrac{1}{1} + \dfrac{1}{9}}V = 5.59V$$

两只二极管均正偏，假设成立。各元器件电流分别为

$$I_R = \frac{V_Y}{R_3} = \frac{5.59}{9}mA = 0.62mA$$

$$I_A = \frac{V_A - V_Y}{R_1} = \frac{6 - 5.59}{1}mA = 0.41mA$$

$$I_B = \frac{V_B - V_Y}{R_2} = \frac{5.8 - 5.59}{1}mA = 0.21mA$$

（3）VD_A、VD_B 均导通。V_Y 及各元器件电流分别为

$$V_Y = \frac{\dfrac{V_A}{R_1} + \dfrac{V_B}{R_2}}{\dfrac{1}{R_1} + \dfrac{1}{R_2} + \dfrac{1}{R_3}} = \frac{\dfrac{5}{1} + \dfrac{5}{1}}{\dfrac{1}{1} + \dfrac{1}{1} + \dfrac{1}{9}}V = 4.74V$$

$$I_R = \frac{V_Y}{R_3} = \frac{4.74}{9}mA = 0.53mA$$

$$I_A = I_B = \frac{1}{2}I_R = 0.26mA$$

【8.6】 在图1.8.11中，$U = 10V$，$u = 30\sin \omega t V$，试用波形图表示二极管上的电压 u_{VD}。

解：二极管上电压 u_{VD} 的波形图如图1.8.12所示。在 $u = 30\sin \omega t V$ 电源的一个周期之内，当 $(u + U) > 0$ 时，二极管正偏，$u_{VD} = 0$；而当 $(u + U) \leq 0$ 时，二极管截止，$u_{VD} = (u + U)$。

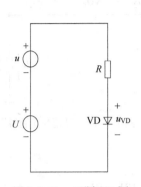

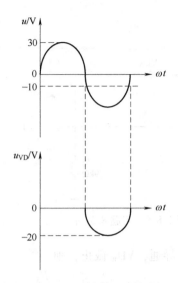

图 1.8.11 习题 8.6 图   图 1.8.12 习题 8.6 题解图

【8.7】 在图 1.8.13 中，$U = 20V$，$R_1 = 900\Omega$，$R_2 = 1100\Omega$。稳压二极管 D_Z 的稳定电压 $U_Z = 10V$，最大稳定电流 $I_{ZM} = 8mA$。试求稳压二极管中通过的电流 I_Z，是否超过 I_{ZM}？如果超过，怎么办？

解：稳压二极管电流为

$$I_Z = \frac{U - U_Z}{R_1} - \frac{U_Z}{R_2}$$

$$= 0.002A = 2mA < I_{ZM}$$

如果 I_Z 超过 I_{ZM}，将导致稳压二极管发热严重而损坏。适当增加限流电阻，可以解决这一问题。

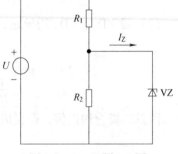

图 1.8.13 习题 8.7 图

【8.8】 有两个稳压二极管 VZ_1 和 VZ_2，其稳定电压分别为 5.5V 和 8.5V，正向压降都是 0.5V。如果要得到 0.5V、3V、6V、9V 和 8V 几种稳定电压，这两个稳压二极管（还有限流电阻）应该如何连接？画出各个电路。

解：各电路如图 1.8.14 所示。

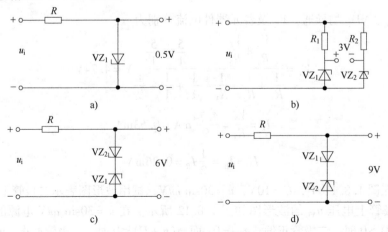

图 1.8.14 习题 8.8 题解图

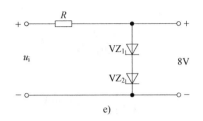

图 1.8.14　习题 8.8 题解图（续）

【8.9】 某一晶体管的 $P_{CM} = 100\text{mW}$，$I_{CM} = 20\text{mA}$，$U_{(BR)CEO} = 15\text{V}$，试问在下列几种情况下，哪种是正常工作？（1）$U_{CE} = 3\text{V}$，$I_C = 10\text{mA}$；（2）$U_{CE} = 2\text{V}$，$I_C = 40\text{mA}$；（3）$U_{CE} = 6\text{V}$，$I_C = 20\text{mA}$。

解： 晶体管正常工作时应保证其 $U_{CE} < U_{(BR)CEO}$、$I_C < I_{CM}$ 以及 $P_C < P_{CM}$。由此判断可知：

（1）满足以上要求，可正常工作。

（2）$I_C > I_{CM}$，虽然不至于损坏晶体管，但可导致电流放大倍数比正常时降低，不能正常工作。

（3）集电结损耗 $P_C = U_{CE}I_C = 6\text{V} \times 20\text{mA} = 120\text{mW} > P_{CM}$，会导致晶体管温升超过允许值，损坏晶体管。

【8.10】 在图 1.8.15 所示的各个电路中，试问晶体管工作于何种状态？

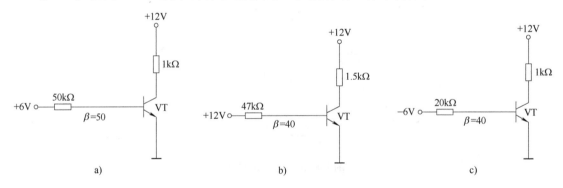

图 1.8.15　习题 8.10 图

解： 图 1.8.15a 所示电路中

$$I_B \approx \frac{6}{50}\text{mA} = 0.12\text{mA}$$

$$I_C = 50 \times 0.12\text{mA} = 6\text{mA}$$

$$U_{CE} = 12\text{V} - 1\text{k}\Omega \times 6\text{mA} = 6\text{V}$$

发射结正偏，集电结反偏，晶体管工作于放大状态。

图 1.8.15 所示电路中

$$I_B \approx \frac{12\text{V}}{47\text{k}\Omega} = 0.255\text{mA}$$

晶体管饱和时的集电极电流约为

$$I'_C \approx \frac{12\text{V}}{1.5\text{k}\Omega} = 8\text{mA}$$

晶体管临界饱和时的基极电流为

$$I'_B = \frac{I'_C}{\beta} = \frac{8\text{mA}}{40} = 0.2\text{mA}$$

而基极电流为

$$I_B \approx \frac{12\text{V}}{47\text{k}\Omega} = 0.255\text{mA}$$

大于 I'_B，晶体管工作在饱和状态。

图 1.8.15c 所示电路中，由于发射结反偏，晶体管工作在截止状态。

【8.11】 图 1.8.16 所示是一自动关灯电路（如用于走廊或楼道照明）。在晶体管集电极电路接入 JZC 型直流电磁继电器的线圈 KA，线圈的功率和电压分别为 0.36W 和 6V。晶体管 9013 的电流放大系数 β 为 200，当将按钮 SB 按一下后，继电器的动合触点闭合，40W/220V 的照明灯 EL 点亮，经过一定时间自动熄灭。（1）试说明其工作原理。（2）刚将按钮按下时，晶体管工作于何种状态？此时 I_C 和 I_B 各为多少？ β 是否为 200？设饱和时 $U_{CE} \approx 0$。（3）刚饱和时 I_B 为多少？此时电容上电压衰减到约为多少伏？（4）图中的二极管 VD 作何用处？

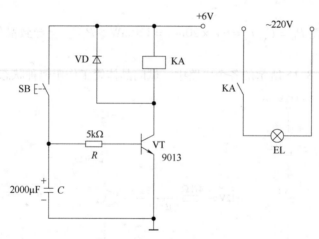

图 1.8.16　习题 8.11 图

解：（1）电路的工作原理如下：按下 SB 按钮，电容电压迅速充电到电源电压 +6V，晶体管饱和导通。集电极电流流过继电器线圈，串联在照明灯回路的触点闭合，照明灯 EL 点亮。从释放 SB 按钮开始，存储在电容中的能量仍能维持晶体管饱和导通一定时间，继电器吸合。随着电容放电，电容电压和晶体管基极电流逐渐减小，晶体管逐渐退出饱和工作状态，使得集电极电流开始减小。当集电极电流不足以维持继电器的电磁吸力时，继电器触点断开，照明灯熄灭。

（2）刚按下按钮时，电容电压迅速上升至 6V，晶体管基极电流为

$$I_B \approx \frac{6\text{V}}{5\text{k}\Omega} = 1.2\text{mA}$$

由已知可求得继电器线圈的等效电阻为

$$R_{KA} \approx \frac{(6\text{V})^2}{0.36\text{W}} = 100\Omega$$

晶体管的临界饱和集电极电流约为

$$I'_{\mathrm{C}} = \frac{U_{\mathrm{CC}}}{R_{\mathrm{KA}}} = \frac{6\mathrm{V}}{100\Omega} = 60\mathrm{mA}$$

临界饱和基极电流约为

$$I'_{\mathrm{B}} = \frac{I'_{\mathrm{C}}}{\beta} = \frac{60}{200}\mathrm{mA} = 300\mu\mathrm{A}$$

I_{B} 远超过晶体管饱和时所需要的最小基极电流 I'_{B},晶体管处于饱和工作状态。此时集电极电流为

$$I_{\mathrm{C}} \approx \frac{6\mathrm{V}}{100\Omega} = 60\mathrm{mA}$$

晶体管电流放大系数约降低为

$$\beta \approx \frac{60\mathrm{mA}}{1.2\mathrm{mA}} = 50$$

(3)刚饱和时的 I'_{B} 由前面计算可知为 $300\mu\mathrm{A}$。此时电容电压约为

$$U_{\mathrm{C}} = (5\mathrm{k}\Omega \times 0.3\mathrm{mA}) + 0.6\mathrm{V} = 2.1\mathrm{V}$$

(4)二极管的作用是给继电器线圈电感的储能提供一个泄放通路,以防止在晶体管由导通工作状态变为截止工作状态时电感两端出现高压,击穿晶体管。

【8.12】图1.8.17所示是一声光报警电路。在正常情况下,B端电位为0V;若前接装置发生故障时,B端电位上升到+5V。试分析之,并说明电阻 R_1 和 R_2 起何作用?

解:正常情况时,B点零电位,发光二极管截止,不发光,晶体管截止,蜂鸣器不工作。前端发生故障时,B点电位为5V,发光二极管正向导通,晶体管饱和,发光二极管和蜂鸣器发出声光报警。R_1 用来限制晶体管基极电流,保护晶体管。R_2 用来限制发光二极管正向导通电流。

【8.13】图1.8.18a所示是一种二极管钳位电路,当输入 u_{i} 是图1.8.18b所示的三角波时,试画出输出 u_{o} 的波形。二极管正向压降可忽略不计。

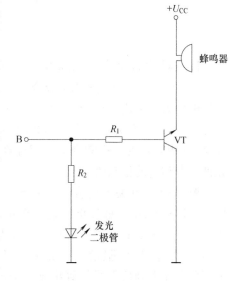

习题1.8.17 习题8.12图

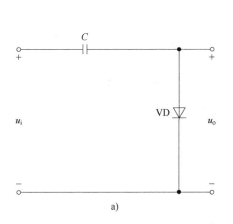

a)

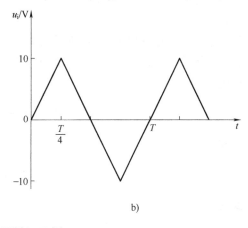

b)

图1.8.18 习题8.13图

解：将输入 u_i 看成是一内阻为零的电压源，u_i 第一个 1/4 周期，二极管 VD 正偏导通，电容电压线性增长到 10V，此段时间内，输出电压 $u_o = 0V$。此后由于电容没有放电路径，保持 10V 不变，输入 u_i 和电容电压的叠加始终小于 0V，二极管截止。对应输入电压 u_i 的输出电压 u_o 如图 1.8.19 所示。

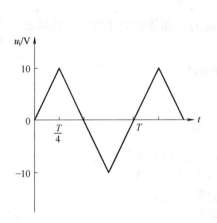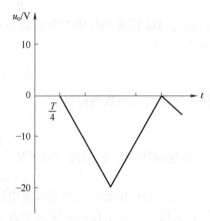

图 1.8.19　习题 8.13 题解图

【8.14】 图 1.8.20 所示是继电器延时吸合的电路，从开关 S 断开时计时，当集电极电流增加到 10mA 时，继电器 KA 吸合。（1）分析该电路的工作原理。（2）刚吸合时电容元件 C 两端电压为多少伏（锗管 U_{BE} 很小，可忽略不计)？（3）S 断开后经多少秒延时继电器吸合？（提示：可应用戴维南定理计算电容元件充电到达的稳态值。）

解：（1）开关 S 闭合时，$u_C = 0V$，晶体管 VT 发射结零偏截止，集电极电流为零，继电器 KA 不动作。当开关 S 断开时，+6V 电源经 R_B 电阻给电容充电，当电容电压负向充电到使得晶体管出现基极电流，并且使其集电极电流达到 10mA 时，继电器 KA 吸合。

（2）如果认为继电器 KA 刚吸合时，晶体管 VT 仍工作在放大区，可知此时所需的基极电流为

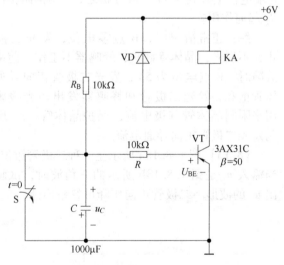

图 1.8.20　习题 8.14 图

$$|I_B| = \frac{|I_C|}{\beta} = 0.2mA$$

由于此时

$$|I_B| \approx \frac{|u_C|}{R}$$

所以此时

$$|u_C| = R \times |I_B| = 10k\Omega \times 0.2mA = 2V$$

故极性为上负下正。

（3）$t=0$ 时，S 断开，电容 C 充电

电容 C 的充电时间常数为

$$\tau = (R_B/\!/R)C \approx 6.7\text{k}\Omega \times 1000\mu\text{F} = 6.7\text{s}$$

则

$$u_C = -4(1 - e^{-\frac{t}{6.7}})\text{V}$$

电容电压从 0V 变化到 -2V 所经过的时间就是继电器延时吸合的时间 t，即

$$t = -6.7\ln\left(\frac{-2+2}{4}\right)\text{s} \approx 4.6\text{s}$$

【8.15】 如何用万用表判断出一个晶体管是 NPN 型还是 PNP 型？如何判断出管子的三个管脚？又如何通过实验来区别是锗管还是硅管？

解：将万用表的黑表笔（电源正极）或红表笔（电源负极）固定接在某一管脚上，然后用红表笔分别接在另外两只管脚测试其电阻值，直到某一个管脚与其他两个管脚之间均呈低阻值为止。如果是固定黑表笔时另外两管脚同时测得低电阻，则晶体管为 NPN 型，黑表笔所接的是基极；如果固定的是红表笔，则是 PNP 型晶体管，红表笔所接为基极。

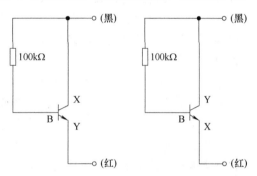

图 1.8.21　习题 8.15 题解图

知道了基极管脚和管子的类型之后，可将 NPN 型晶体管按图 1.8.21 所示接法，基极通过一只 100kΩ 电阻接黑表笔，然后将未知的两个管脚 X 和 Y 分别接黑表笔和红表笔，然后对调一次 X 和 Y 管脚。两次测量中电阻比较小的那次说明晶体管集-射极之间导通，发射结正偏，接在黑表笔的为集电极，红表笔一侧是发射极。确定了三个管脚之后，可通过测量发射结导通压降的大小来判断是硅管还是锗管，硅管约为 0.6V，而锗管约为 0.2V。对于 PNP 型晶体管，读者可自行分析，注意基极电阻固定接红表笔。

第九章

放大电路及负反馈

★ 助您快速理解、掌握重点难点

电子电路中的放大就是将输入的微弱电信号（简称信号，指变化的电压、电流等）放大到所需要的幅度值且与原输入信号变化规律一致的信号，即进行不失真的放大，从而去控制较大功率的负载。例如，利用扬声器放大声音，传声器（传感器）将微弱的声音转换成电信号，经过放大电路放大成足够强的电信号后，驱动扬声器（执行机构），使其发出较原来强得多的声音。又如，在自动控制机床上，需要将反映加工要求的控制信号放大，得到足够大的功率以推动执行元件（电磁铁、电动机、液压机构等）。可见，放大电路的应用非常广泛，是电子设备中最普遍的一种基本单元。

在生活和生产实际中，实用的放大电路一般都离不开负反馈，它是实现自动控制过程必不可少的重要环节，负反馈的作用就是通过反馈信号使系统更加稳定。而正反馈会让输出发生偏差时这个偏差越来越大，所以电子电路中一般应避免出现正反馈。但是正反馈在特殊领域会发挥作用，比如无线电领域的自激振荡电路。

重要知识点

- 理解和掌握放大电路的组成原则
- 掌握三种基本放大电路的电路结构、工作原理、参数计算
- 理解和掌握多级放大电路的组成原则、差分放大电路的工作原理
- 理解和掌握负反馈的基本概念和负反馈对放大电路的性能影响

本章总结

1. 以共射放大电路为基础，通过图解法、微变等效电路法讨论电路的静态工作点、动态技术指标参数的计算，然后推广到共集电极和共基极组态电路。

2. 多级放大电路的特性，集成运放的基本组成。

3. 负反馈在实际应用中的作用、概念及组态等。

习题解答

【9.1】试分析图1.9.1所示放大电路，指出反馈电路、反馈性质（正反馈还是负反馈，

是直流反馈还是交流反馈），如果是负反馈请判断反馈方式为何种组态（串联还是并联，电压还是电流）。

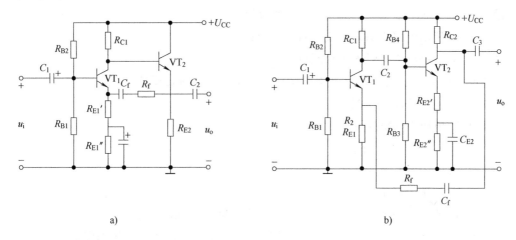

图 1.9.1　习题 9.1 图

解：该题考查的是分离元件组成的电路中的反馈类型的判别。图 1.9.1a：在 R_f、C_f 组成的反馈支路中，根据瞬时极性法判断，是正反馈；支路中有电容，只有交流信号才能反馈到输入端去影响输入，故为交流反馈。

图 1.9.1b：在 R_f、C_f 组成的反馈支路中，根据瞬时极性法判断，是电压串联交流负反馈。

【9.2】判断图 1.9.2 所示电路反馈类型（正负反馈、串并联反馈、电压电流反馈、交直流反馈）。

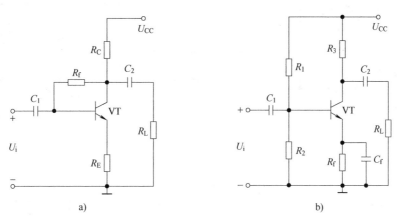

图 1.9.2　习题 9.2 图

解：图 1.9.2a：根据瞬时极性法判断，是电压并联交直流负反馈。

图 1.9.2b：根据瞬时极性法判断，是电流串联交流负反馈。

【9.3】（1）判断图 1.9.3a～h 所示各电路中是否引入了反馈，是直流反馈还是交流反馈，是正反馈还是负反馈。设图中所有电容对交流信号均可视为短路。（2）对于存在交流

负反馈的电路，请判断电路中引入了哪种组态的交流负反馈，并说明各电路因引入交流负反馈使得放大电路输入电阻和输出电阻所产生的变化，只需说明是增大还是减小即可。

解：图 1.9.3a 所示电路中引入了直流负反馈。

图 1.9.3b 所示电路中引入了交、直流正反馈。

图 1.9.3c 所示电路中引入了直流负反馈。

图 1.9.3d、e、f、g、h 所示各电路中均引入了交、直流负反馈。

图 1.9.3d 电流并联负反馈；

图 1.9.3e 电压串联负反馈；

图 1.9.3f 电压串联负反馈；

图 1.9.3g 电压串联负反馈；

图 1.9.3h 电压串联负反馈。

图 1.9.3d 所示电路因引入负反馈而使输入电阻减小，输出电阻增大。

图 1.9.3e ~ h 所示各电路均因引入负反馈而使输入电阻增大，输出电阻减小。

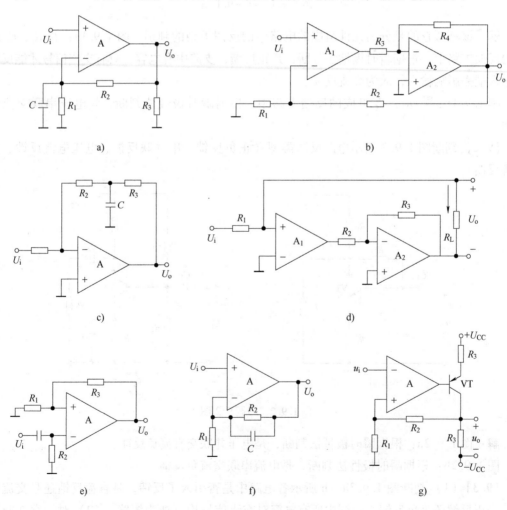

图 1.9.3　习题 9.3 图

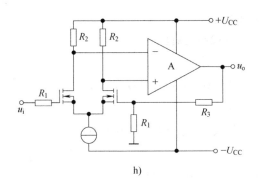

h)

图 1.9.3 习题 9.3 图（续）

【9.4】 在图 1.9.4 所示电路中，若 $U_{CC} = 10V$，$U_{CE} = 5V$，$I_C = 2mA$，试求 R_C 和 R_B 的阻值。设晶体管的 $\beta = 40$。

解： 由 $U_{CE} = U_{CC} - R_C I_C$ 可求得

$$R_C = \frac{U_{CC} - U_{CE}}{I_C} = \frac{10 - 5}{2 \times 10^{-3}} \Omega = 2.5k\Omega$$

$$I_B \approx \frac{I_C}{\beta} = \frac{2}{40} mA = 0.05mA$$

$$R_B \approx \frac{U_{CC}}{I_B} = \frac{10}{0.05} k\Omega = 200k\Omega$$

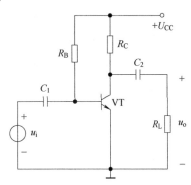

图 1.9.4 习题 9.4 图

【9.5】 一个双极型晶体管 $\beta = 60$，组成基本共射放大电路如图 1.9.5 所示。电源电压 $U_{CC} = 12V$。

（1）设 $R_C = 1k\Omega$，求基极临界饱和电流 I_{BS}。

（2）设 $I_B = 0.15mA$，欲使管子饱和，R_C 的最小值为多少？（饱和压降 $U_{CE(sat)}$ 忽略不计。）

解： （1）基极临界饱和电流为

$$I_{BS} = \frac{U_{CC} - U_{CEC}}{\beta R_C} = \frac{12V - 0.3V}{60 \times 1k\Omega} = 0.2mA$$

（2）当 $I_B = 0.15mA$ 时，用 $I_{BS} = I_B$ 求 R_C，则

$$0.15 = \frac{12}{\beta R_C}$$

$$R_C = \frac{12V}{0.15mA \times 60} = 1.3k\Omega$$

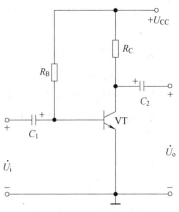

图 1.9.5 习题 9.5 图

【9.6】 共射放大电路如图 1.9.6 所示。设晶体管的 $\beta = 30$，$r'_{bb} = 100\Omega$，$U_{CE(sat)} = 0.3V$。

（1）计算工作点 Q 的数值，并分析此时的最大不失真输出幅度 U_{OM} 是多大（C_1、C_2 对交流可视为短路）。

（2）若想获得最大的不失真输出幅值，R_B 约为多大？

（3）在上述情况下所需的 U_S 有效值约为多大？

解：（1）工作点 Q 的各数值为

$$I_{BQ} = (U_{CC} - U_{BEQ})/R_B = 12/420\text{k}\Omega = 30\mu A$$

$$I_{CQ} = \beta I_{BQ} = 30 \times 30\mu A = 0.9\text{mA}$$

$$U_{CEQ} = U_{CC} - I_{CQ}R_C = 12V - 0.9\text{mA} \times 10\text{k}\Omega = 3V$$

$$U_{OM} = 3V - 0.3V = 2.7V$$

（2）当 $U_{CEQ} = U_{CC}/2 = 6V$ 时，$U_{OM} = 6V$ 为最大值。

因为

$$U_{CEQ} = U_{CC} - I_{CQ}R_C = U_{CC} - \beta V_{CC}R_C/R_B$$

所以

$$R_B = \beta V_{CC}R_C/(U_{CC} - U_{CEQ}) = 30 \times 2 \times 10\text{k}\Omega = 600\text{k}\Omega$$

（3）当 $U_{OM} = 6V$ 时

$$I_{EQ} = I_{CQ} = \beta I_{BQ} = 30 \times (12/600)\text{mA} = 0.6\text{mA}$$

$$R_S = 3\text{k}\Omega$$

$$r_{be} = r'_{bb} + (1+\beta)\frac{26}{I_{EQ}} = 995\Omega$$

$$R_i = \frac{420 \times 995}{420 + 995}\Omega = 295\Omega$$

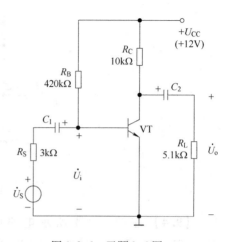

图 1.9.6　习题 9.6 图

$$A_u = -\beta(R_C // R_L)/r_{be} = -\left[30 \times \left(\frac{5.1 \times 10}{5.1 + 10}\right)\right]\text{k}\Omega/\left[100\Omega + (1+30)26\text{mV}/I_{EQ}\right] = -1000$$

$$U_{OM} = A_u R_i/(R_i + R_S)U_{SM} = 1000 \times 100/(3000 + 100) \times U_{SM} = 1000U_{SM}/300$$

则

$$U_{SM} = 300U_{OM}/1000 = 300 \times 6V/1000 = 1.8V$$

$$U_S = U_{SM}/1.4 = 1.3V$$

【9.7】 图 1.9.7 所示为某单管共射放大电路中晶体管的输出特性和直流、交流负载线。求：

（1）求电源电压 V_{CC}；

（2）静态集电极电流 I_{CQ} 和管压降 U_{CEQ}；

（3）放大电路的最大不失真输出正弦电压有效值。

解：（1）U_{CC} 是 $I_{CQ} = 0$ 时的 U_{CE} 电压，即 $U_{CC} = 6V$；

（2）$I_{CQ} = 1\text{mA}$，$U_{CEQ} = 3V$；

（3）$U_{OM} = 3V$，$U_o = 3V/1.4 = 2V$。

【9.8】 在图 1.9.8 所示的分压式工作点稳定电路中，$U_{CC} = 12V$，$R_{B1} = 27\text{k}\Omega$，$R_{B2} = 100\text{k}\Omega$，$R_E = 2.3\text{k}\Omega$，$R_C = 5.1\text{k}\Omega$，$R_L = 10\text{k}\Omega$。设 $U_{BE} = 0.7V$，$\beta = 100$，r'_{bb}、I_{CEO}、$U_{CE(sat)}$ 均可忽略不计，各电容对交流可视为短路。

（1）试计算静态工作电流 I_{CQ}、工作电压 U_{CEQ}；

（2）计算小信号时的电压放大倍数、输入电阻、输出电阻，确定电路的最大不失真输出电压幅度。

解：（1）$U_{BQ} = \dfrac{R_{B1}}{R_{B1} + R_{B2}}U_{CC} = \dfrac{27}{27 + 100} \times 12V = 2.6V$

$$I_{CQ} = I_{EQ} = \frac{U_{BQ} - U_{BEQ}}{R_E} = \frac{2.5V - 0.7V}{2.3k\Omega} = 0.8mA$$

$$U_{CEQ} = U_{CC} - I_{CQ}(R_C + R_E) = 12V - 0.8mA(5.1 + 2.3)k\Omega = 6V$$

（2）$r_{be} = (1 + \beta)26mV/I_{EQ} = (101 \times 26mV)/0.8mA = 3.3k\Omega$

$$A_u = -\beta(R_C//R_L)/r_{be} = -100 \times \left(\frac{5.1 \times 10}{5.1 + 10}\right)k\Omega/3.3k\Omega = -103$$

$$R_i = R_{B2}//R_{B1}//r_{be} = [1/(1/27 + 1/100 + 1/3.3)]k\Omega \approx 3.3k\Omega$$

$$R_o = R_C = 5.1k\Omega$$

最大不失真输出电压幅度为6V。

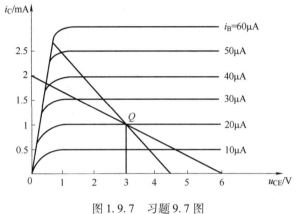

图 1.9.7　习题9.7图

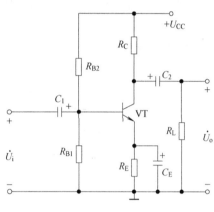

图 1.9.8　习题9.8图

【9.9】　图1.9.9所示电路中，$U_{CC} = 15V$，晶体管的$\beta = 100$，$r'_{bb} = 200\Omega$，分别计算静态工作点Q，电压放大倍数A_u，输入、输出电阻R_i和R_o。

　　解：静态工作点Q的各值为

$$U_{BQ} = \frac{R_{B1}}{R_{B1} + R_{B2}}U_{CC} = \frac{5.6}{5.6 + 40} \times 15V = 1.8V$$

$$U_{EQ} = 1.8V - 0.7V = 1.1V$$

$$I_{EQ} = \frac{U_{EQ}}{R_E} = \frac{1.1V}{1k\Omega + 100k\Omega} = 0.01mA$$

$$I_{BQ} = \frac{1mA}{100} = 10^{-4}\mu A$$

$$r_{be} = r'_{bb} + (1 + \beta)\frac{26mV}{I_{EQ}}$$

$$\approx 200\Omega + 100 \times 26mV/0.01mA$$

$$= 260.2k\Omega$$

电压放大倍数为

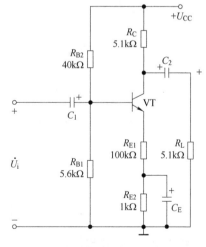

图 1.9.9　习题9.9图

$$A_u = \frac{-\beta(R_C//R_L)}{r_{be} + (1 + \beta)R_{E1}}$$

$$\approx \frac{-100 \times \frac{5.1 \times 5.1}{5.1 + 5.1}k\Omega}{2.8k\Omega + 100 \times 100k\Omega}$$

$$= -0.025$$

输入电阻为

$$R_i = R_{B1} /\!/ R_{B2} /\!/ \{ r_{be} + (1 + \beta) R_{E1} \}$$
$$= 4.9 k\Omega$$

输出电阻为

$$R_o = R_C = 5.1 k\Omega$$

【9.10】 画出图 1.9.10 所示电路的直流通路、交流通路、H 参数微变等效电路，并计算静态工作点、输入电阻、输出电阻及电压增益。

解： 直流通路、交流通路、H 参数微变等效电路如图 1.9.11 所示。

静态工作点：

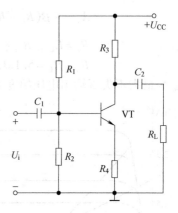

图 1.9.10　习题 9.10 图

$$U_B = U_{CC} R_2 / (R_1 + R_2)$$
$$U_E = U_B - U_{BE}$$
$$I_E = U_E / R_4$$
$$I_C = I_E$$
$$I_B = I_E / \beta$$

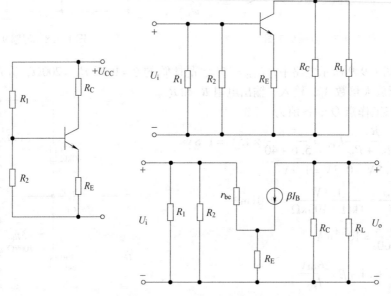

图 1.9.11　习题 9.10 题解图

输入电阻、输出电阻：

$$r_{be} = 200\Omega + (1 + \beta) 26mV / I_{EQ}$$
$$R_i = U_i / I_i = R_1 /\!/ R_2 /\!/ (U_i / I_B) = R_1 /\!/ R_2 /\!/ [r_{be} + (1 + \beta) R_E]$$
$$R_o = R_C$$

电压增益：

$$A_u = U_o / U_i = -\beta (R_L /\!/ R_C) / [r_{be} + (1 + \beta) R_E]$$

【9.11】 放大电路如图 1.9.12 所示，已知 $U_{CC} = 12V$，$R_B = 300k\Omega$，$R_C = R_L = R_S = 3k\Omega$，$\beta = 50$。试求：

（1） 求静态工作点 Q；

（2） R_L 接入情况下电路的电压放大倍数；

（3） 输入电阻 R_i 和输出电阻 R_o。

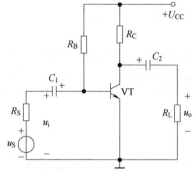

图 1.9.12 习题9.11图

解：（1） 静态工作点 Q 为

$$I_{BQ} = \frac{U_{CC} - U_{BEQ}}{R_B} \approx \frac{U_{CC}}{R_B} = \frac{12}{300}mA = 40\mu A$$

$$I_{CQ} = \beta I_{BQ} = 50 \times 0.04mA = 2mA$$

$$U_{CEQ} = U_{CC} - I_{CQ}R_C = 12V - 2 \times 3V = 6V$$

晶体管的动态输入电阻为

$$r_{be} = 200\Omega + (1+\beta)\frac{26mV}{I_{EQ}(mA)} = 200\Omega + (1+50)\frac{26mV}{2mA} = 963\Omega = 962\Omega$$

（2） R_L 接入情况下电路的电压放大倍数 A_u 为

$$A_u = -\frac{\beta R_L'}{r_{be}} = -\frac{50 \times \dfrac{3 \times 3}{3+3}}{0.963} = -78$$

（3） 输入电阻 R_i 和输出电阻 R_o 分别为

$$R_i = R_B // r_{be} = (300 // 0.963)k\Omega \approx 0.96k\Omega$$

$$R_o = R_C = 3k\Omega$$

第十章

门电路和组合逻辑电路

★助您快速理解、掌握重点难点

　　用以实现基本逻辑运算和复合逻辑运算的单元电路称为门电路或逻辑门。门电路是数字集成电路中最基本的组成单元，常用的门电路在逻辑功能上有与门、或门、非门、与非门、或非门等。为了实现某一逻辑功能，将多个门电路组合在一起，构成了组合逻辑电路。

　　分析一个组合逻辑电路功能的方法有：(1) 由逻辑电路图写出输出端的逻辑表达式，这一步非常简单，只要认识门电路的符号和功能即可；(2) 运用逻辑代数化简或变换，化简的目的是为了更方便第 (3) 步；(3) 列逻辑状态表，如果有 n 个输入变量，那么输入变量的状态组合就有 2^n 个，不能遗漏；(4) 根据逻辑状态表，找出输出变量的变化规律，归纳分析、表达出逻辑功能。

　　设计具有一定功能的组合逻辑电路的方法：(1) 由逻辑要求，列出逻辑状态表，这一步需要假设输入/输出变量及输入/输出变量取值 0 和 1 时代表的含义；(2) 由逻辑状态表写出逻辑表达式；(3) 简化和变换逻辑表达式，简化的目的是为了设计出更简单、低成本的电路，变换的目的是为了根据现有的门元件来设计电路；(4) 画出逻辑图。

重要知识点

- 理解三种基本门电路的原理及逻辑符号
- 理解复合逻辑门电路的构成及逻辑符号
- 掌握组合逻辑电路的功能分析和简单设计

本章总结

　　1. 门电路是数字电路极其重要的基本单元，其可用分立元件组成，也可做成集成电路。

　　2. 组合电路的特点是任何时刻的输出仅取决于该时刻的输入，与电路原来的状态无关。

　　3. 组合逻辑电路的分析，是指分析给定逻辑电路的功能，写出它的逻辑函数式或功能表，以使逻辑功能更加直观、明了。给定的逻辑电路又可分为两种类型，一种是用小规模集成门电路组成的，另一种是用中规模集成常用组合逻辑电路组成的。为此分析时，通常是从输入到输出逐级写出各函数式，最后通过真值表的形式判断电路的功能。

4. 组合逻辑电路的设计，是指根据要求实现的逻辑功能，设计出实现这种逻辑功能的具体逻辑电路。设计时又有两种要求，一种是采用小规模集成门电路实现要求的逻辑功能，另一种是采用中规模集成常用组合逻辑电路来实现。

习题解答

【**10.1**】图 1.10.1 所示门电路中，Y 恒为 0 的是图（　　　）。

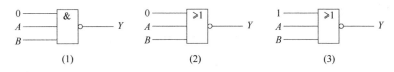

图 1.10.1　习题 10.1 图

解答：（1）中 Y 恒等于 1，（2）中 Y 的值要根据 A、B 的取值决定，（3）中 Y 恒等于 0，故选择（3）。

【**10.2**】图 1.10.2 所示门电路的输出为（　　　）。

（1）$Y = A'$　　（2）$Y = 1$　　（3）$Y = 0$

解答：因为 $X = 0$，所以 Y 恒等于 1，故选择（2）。

【**10.3**】图 1.10.3 所示电路的逻辑式为（　　　）。

（1）$Y = (AB + C)'$　　（2）$Y = (AB \cdot C \cdot 0)'$　　（3）$Y = (AB)'$

解答：这是一个组合门，$Y = (AB + C0)' = (AB)'$，故选择（3）。

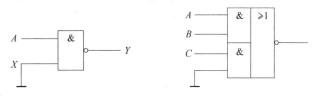

图 1.10.2　习题 10.2 图　　　图 1.10.3　习题 10.3 图

【**10.4**】与 $(A + B + C)'$ 相等的是（　　　）。

（1）$A'B'C'$　　（2）$(A'B'C')'$　　（3）$A' + B' + C'$

解答：根据反演定理知，应选择（1）。

【**10.5**】与 $(A \cdot B \cdot C \cdot D)'$ 相等的是（　　　）。

（1）$(AB)'(CD)'$　　（2）$(A' + B')(C' + D')$　　（3）$A' + B' + C' + D'$

解答：根据反演定理知，应选择（3）。

【**10.6**】与 $A' + ABC$ 相等的是（　　　）。

（1）$A + BC$　　（2）$A' + BC$　　（3）$A + (BC)'$

解答：根据吸收率知，应选择（2）。

【**10.7**】若 $Y = AB' + AC = 1$，则（　　　）。

（1）$ABC = 001$　　（2）$ABC = 110$　　（3）$ABC = 100$

解答：根据逻辑代数运算法则知（也可用验证法），应选择（3）。

【10.8】图 1.10.4 所示门电路中，$Y = 1$ 的是图（　　　）。

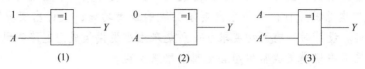

（1）　　　　　　　　（2）　　　　　　　　（3）

图 1.10.4　习题 10.8 图

解答：三个门均为异或门，输入相异时输出为 1，应选择（3）。

【10.9】图 1.10.5 所示组合电路的逻辑式为（　　　）。

（1）$Y = A'$　　　（2）$Y = A$　　　（3）$Y = 1$

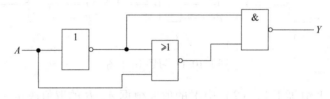

图 1.10.5　习题 10.9 图

解答：列出输出逻辑表达式可知，应选择（3）。

【10.10】图 1.10.6 所示组合电路的逻辑式为（　　　）。

（1）$Y = AB \cdot B'C$　　　（2）$Y = (AB \cdot B'C)'$　　　（3）$Y = AB + B'C$

解答：应选择（3）。

【10.11】图 1.10.7 所示组合电路的逻辑式为（　　　）。

（1）$Y = (AB + BC + AC)'$　　　（2）$Y = AB + BC + AC$　　　（3）$Y = (AB)' + (BC)' + (AC)'$

解答：应选择（2）。

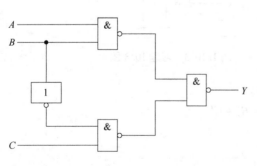 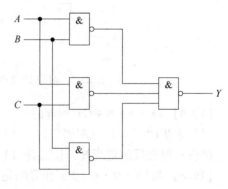

图 1.10.6　习题 10.10 图　　　　　　　　图 1.10.7　习题 10.11 图

【10.12】试用列真值表的方法证明下列异或运算公式。

（1）$A \oplus 0 = A$　　　　　　　（2）$A \oplus 1 = A'$

（3）$A \oplus A = 0$　　　　　　　（4）$A \oplus A' = 1$

（5）$(A \oplus B) \oplus C = A \oplus (B \oplus C)$　　　　（6）$A(B \oplus C) = AB \oplus AC$

解：证明略。

【10.13】列出下列逻辑函数的真值表。

（1）$Y_1 = A'B + BC + AD$

（2）$Y_1 = A'BC + A \oplus D$

解：逻辑表达式中含有几个变量，这几个变量的组合状态有 2 的几次方个，依次列出全部这些状态组合，再根据逻辑表达式算出每一种组合对应的 Y 的值，即可列出真值表。

【10.14】如果与门的两个输入端中，A 为信号输入端，B 为控制端。设输入 A 的信号波形如图 1.10.8 所示，在控制端 $B = 1$ 和 $B = 0$ 两种状态下，试画出输出波形。如果是与非门、或门、或非门，则又如何，分别画出输出波形。最后总结上述四种门电路的控制作用。

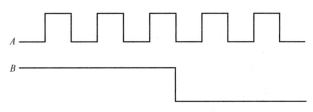

图 1.10.8　习题 10.14 图

解：波形图略。四种门的控制作用分别为：

与门：B 为 1 时输出 A，B 为 0 时输出 0；

与非门：B 为 1 时输出 A'，B 为 0 时输出 1；

或门：B 为 1 时输出 1，B 为 0 时输出 A；

或非门：B 为 1 时输出 0，B 为 0 时输出 A'。

【10.15】用与非门和非门实现以下逻辑关系，画出逻辑图：

（1）$Y = A + B + C'$

（2）$Y = AB + A'C$

（3）$Y = A'B' + BC'$

解：（1）先把逻辑式变换为只有与非和非关系的逻辑式：$Y = A + B + C' = (A'B'C)'$，再画出逻辑电路图（图略）。

（2）先把逻辑式变换为只有与非和非关系的逻辑式：$Y = AB + A'C = ((AB)'(A'C)')'$，再画出逻辑电路图（图略）。

（3）先把逻辑式变换为只有与非和非关系的逻辑式：$Y = A'B' + BC' = ((A'B')'(BC')')'$，再画出逻辑电路图（图略）。

【10.16】用与非门和非门组成下列逻辑门：

（1）与门 $Y = ABC$

（2）或门 $Y = A + B + C$

（3）与或门 $Y = ABC + DEF$

（4）或非门 $Y = (A + B + C)'$

解：（1）$Y = ABC = ((ABC)')'$

（2）$Y = A + B + C = (A'B'C')'$

（3）$Y = ABC + DEF = ((ABC)'(DEF)')'$

（4）$Y = (A + B + C)' = ((A'B'C')')'$

【10.17】 证明图 1.10.9a 和 b 所示的两电路具有相同的逻辑功能。

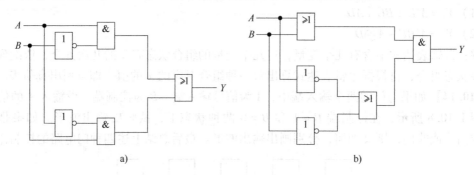

图 1.10.9　习题 10.17 图

解： 由图 1.10.9a 得 $Y = AB' + A'B$，由图 1.10.9b 得 $Y = (A + B)(A' + B') = AB' + A'B$，故图 1.10.9a 和 b 具有相同的功能。

【10.18】 图 1.10.10a 所示电路中，在控制端 $C = 1$ 和 $C = 0$ 两种情况下，试求输出 Y 的逻辑式和波形，并说明该电路的功能。输入 A 和 B 的波形如图 1.10.10b 所示。

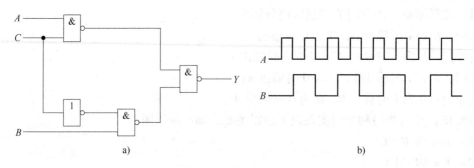

图 1.10.10　习题 10.18 图

解： $Y = ((AC)'(BC')')' = AC + BC'$

当 $C = 1$ 时，$Y = A$；当 $C = 0$ 时，$Y = B$。图略。该电路的功能为：$C = 1$ 时选通 A 信号，$C = 0$ 时选通 B 信号。

【10.19】 根据下列各逻辑式，画出逻辑图：

（1）$Y = AB + BC$

（2）$Y = (A + B)(A + C)$

（3）$Y = A + BC$

解：（1）使用两个与门和一个或门实现；（2）使用两个或门和一个与门实现；（3）使用一个与门和一个或门实现。图略。

【10.20】 写出图 1.10.11a、b 所示电路的逻辑式。

解： $Y_1 = ((AB')'(A'B)')' = AB' + A'B$

$Y_2 = ((A \oplus B) + (BC')')'$

【10.21】 列出逻辑状态表分析图 1.10.12 所示电路的逻辑功能。

解： $Y = A \oplus B \oplus C$，真值表（略），该电路的功能为：输入信号不同时输出为 1，输入信号相同时输出为 0。

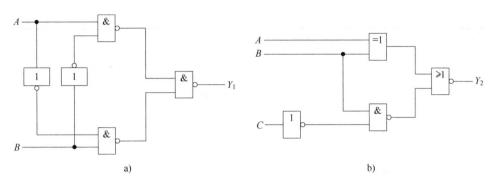

图 1. 10. 11　习题 10. 20 图

【10. 22】 图 1. 10. 13 所示是两处控制照明电路，单刀双投开关 A 装在一处，B 装在另一处，两处都可以开关电灯。设 $Y=1$ 表示灯亮，$Y=0$ 表示灯灭；$A=1$ 表示开关向上扳，$A=0$ 表示开关向下扳，B 亦如此。试写出灯亮的逻辑式。

解： $Y=A\odot B$

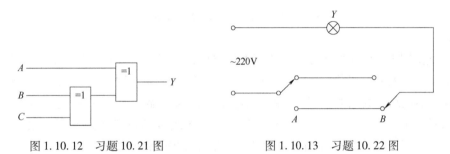

图 1. 10. 12　习题 10. 21 图　　　　图 1. 10. 13　习题 10. 22 图

【10. 23】 某同学参加四门课程考试，规定如下：

（1）课程 A 及格得 1 分，不及格得 0 分；

（2）课程 B 及格得 2 分，不及格得 0 分；

（3）课程 C 及格得 4 分，不及格得 0 分；

（4）课程 D 及格得 5 分，不及格得 0 分。

若总得分大于等于 8 分，就可结业。试用与非门画出实现上述要求的逻辑电路。

解： 设课程 A、B、C、D 及格用 1 表示，不及格用 0 表示；结业用 Y 表示，$Y=1$ 表示结业，$Y=0$ 表示不能结业。由题得真值表如表 1. 10. 1 所示。

表　1. 10. 1

A 1	B 2	C 4	D 5	Y	分数
0	0	0	0	0	0
0	0	0	1	0	5
0	0	1	0	0	4
0	0	1	1	1	9
0	1	0	0	0	2

（续）

A	B	C	D	Y	分数
1	2	4	5		
0	1	0	1	0	7
0	1	1	0	0	6
0	1	1	1	1	11
1	0	0	0	0	1
1	0	0	1	0	6
1	0	1	0	0	5
1	0	1	1	1	10
1	1	0	0	0	3
1	1	0	1	1	8
1	1	1	0	0	7
1	1	1	1	1	12

所以

$$Y = ABD + CD = ((ABD)'(CD)')'$$

图略。

【10.24】图 1.10.14 所示是一智力竞赛抢答电路，供四组使用。每一路由 TTL4 输入与非门、指示灯（发光二极管）、抢答开关 S 组成。与非门 G_5 以及由其输出端接触的晶体管电路和蜂鸣器电路是共用的，当 G_5 输出高电平时，蜂鸣器响。（1）当抢答开关在图示位置时，指示灯能否亮？蜂鸣器能否响？（2）分析 A 组扳动抢答开关 S_1（由接"地"点扳到 +6V）时的情况，此后其他组再扳动各自的抢答开关是否起作用？

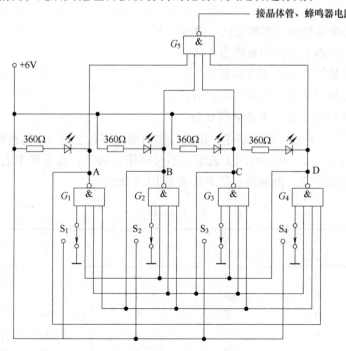

图 1.10.14　习题 10.24 图

解：（1）当各抢答开关处于图示位置时，$G_1 = G_2 = G_3 = G_4 = 1$，$G_5 = 0$，故蜂鸣器不响。

（2）当 A 组扳动 S_1，接至 +6V 时，$G_1 = 0$，G_5 由 0→1，蜂鸣器鸣响。由于 $G_1 = 0$ 返送到 G_2、G_3、G_4 的输入端，故相应的与非门的输出不变，仍为"1"。无论 S_2、S_3、S_4 是否再扳动，均不起作用。

【10.25】 旅客列车分特快、普快和普慢，并依此为优先通行次序。某站在同一时间只能有一趟列车从车站开出，即只能给出一个开车信号，试画出满足上述要求的逻辑电路。设 A、B、C 分别代表特快、普快、普慢，开车信号分别为 Y_A、Y_B、Y_C。

解：由题设列车 A、B、C 开车为 1，不开车为 0；允许开车信号为 1，禁止为 0。由此得逻辑状态表如表 1.10.2 所示。

表　1.10.2

A	B	C	Y_A	Y_B	Y_C
0	0	0	0	0	0
0	0	1	0	0	1
0	1	0	0	1	0
0	1	1	0	1	0
1	0	0	1	0	0
1	0	1	1	0	0
1	1	0	1	0	0
1	1	1	1	0	0

所以，$Y_A = A$，$Y_B = A'B$，$Y_C = A'B'C$。图略。

【10.26】 图 1.10.15 所示是一密码锁控制电路。开锁条件：拨对密码；钥匙插入锁眼将开关 S 闭合。当两个条件同时满足时，开锁信号为 1，将锁打开；否则，报警信号为 1，接通警铃。试分析密码 $ABCD$ 是多少？

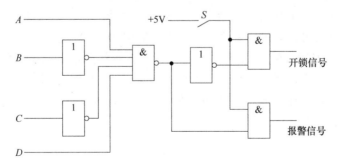

图 1.10.15　习题 10.26 图

解：设开关 S 闭合时，$S = 1$；开锁信号为 Y，$Y = 1$ 开锁；报警信号为 Z，$Z = 1$ 报警。由图得

$$Y = ((AB'C'D)')'S = (AB'C'D)S$$

当 $ABCD = 1001$ 且 $S = 1$ 时，$Y = 1$ 开锁；否则，$Z = 1$ 报警。故开锁密码 $ABCD$ 为 1001。

第十一章

触发器和时序逻辑电路

★助您快速理解、掌握重点难点

在数字系统中，为了能实现按一定程序进行运算，需要电路有记忆功能。门电路及由其组成的组合逻辑电路，它的输出变量状态完全由当时输入变量的组合状态来决定，不具有记忆功能。在本章将讨论触发器及由其组成的时序逻辑电路，触发器具有记忆功能，它是构成时序逻辑电路的基本单元，所以熟练掌握触发器的功能、触发方式是基础和重点。

分析时序逻辑电路的方法：（1）根据电路图，写出驱动方程（就是每个触发器输入信号的逻辑表达式）和输出方程（就是输出变量的表达式）；（2）把驱动方程代入触发器的特性方程（即触发器的功能表达式），得到状态方程；（3）根据状态方程和输出方程，按触发信号依次列写状态表（即每一个触发脉冲到来时，各触发器的状态和输出信号状态列表）；（4）根据状态表总结、归纳变化规律，从而表达出电路功能。

利用基本计数器改接任意进制的计数器，有两种方法：反馈置零法和反馈置数法。这两种方法的主要区别要弄清楚：反馈置零法是当满足一定的条件时，利用计数器的复位端强迫计数器清零，重新开始新一轮计数；反馈置数法适用于带有预置"数"输入端的计数器，在满足一定条件时利用计数器的置"数"端让计数器强行置入预先设定的数（这个数一般设为"0"）。置零法利用的是计数器的应该出现的最后一个状态的下一个状态（这个状态稍纵即逝，不是一个有效状态）去控制计数器复位端，而置数法利用的是应该出现的最后一个状态（有效状态）去控制计数器的置数端。比如要用一个十进制计数器改接一个六进制计数器，如用置零法，就需要利用 0110（6）这个状态去控制计数器复位端，当计数器输出 0110（6）时，计数器立即清零，实际上 0110（6）这个状态是不会出现在计数器有效循环中；而如果要使用置数法，那么就需要利用 0101（5）这个状态去控制计数器的置数端，当计数器输出 0101（5）时，计数器立马置数（零），0101（5）这个状态是要出现在计数器有效循环中的。

重要知识点

- 理解和牢记各类触发器的结构、功能及触发方式、应用
- 理解寄存器的概念和功能分析
- 理解计数器的概念和功能分析、应用
- 时序逻辑电路的分析方法以及设计

本章总结

1. 双稳态触发器是数字电路极其重要的基本单元，它有两个稳定状态，在外界信号作用下，可以从一个稳态转变为另一个稳态；无外界信号作用时状态保持不变。因此，双稳态触发器可以作为二进制存储单元使用。

2. 时序电路的特点：任何时刻的输出不仅和输入有关，而且还取决于电路原来的状态。为了记忆电路的状态，时序电路必须包含有存储电路。存储电路通常以触发器为基本单元电路构成。

3. 寄存器是用来暂存数据的逻辑部件。根据存入或取出数据的方式不同，可分为数码寄存器和移位寄存器。数码寄存器在一个 CP 脉冲作用下，各位数码可同时存入或取出。移位寄存器在一个 CP 脉冲作用下，只能存入或取出一位数码，n 位数码必须用 n 个 CP 脉冲作用才能全部存入或取出。某些型号的集成寄存器具有左移、右移、清零，以及数据并入、并出、串入、串出等多种逻辑功能。

4. 计数器是用来累计脉冲数目的逻辑器件。按照不同的方式，有多种类型的计数器。n 个触发器可组成 n 位二进制计数器，可以计 $2n$ 个脉冲。4 个触发器可以组成 1 位十进制计数器，n 位十进制计数器由 $4n$ 个触发器组成。计数脉冲同时作用在所有触发器 CP 端的为同步计数器，否则为异步计数器。

5. 555 定时器是将电压比较器、触发器、分压器等集成在一起的中规模集成电路，只要外接少量元件，就可以构成无稳态触发器、单稳态触发器等电路，应用十分广泛。

习题解答

【11.1】 基本 RS 触发器的特点是什么？若 R 和 S 的波形如图 1.11.1 所示，设触发器 Q 端的初始状态为 0，试对应画出 Q 和 $\overline{Q}$ 的波形。

解：基本 RS 触发器的特点：

（1）触发器的次态不仅与输入信号状态有关，而且与触发器的现态有关；

（2）电路具有两个稳定状态，在无外来触发信号作用时，电路将保持原状态不变；

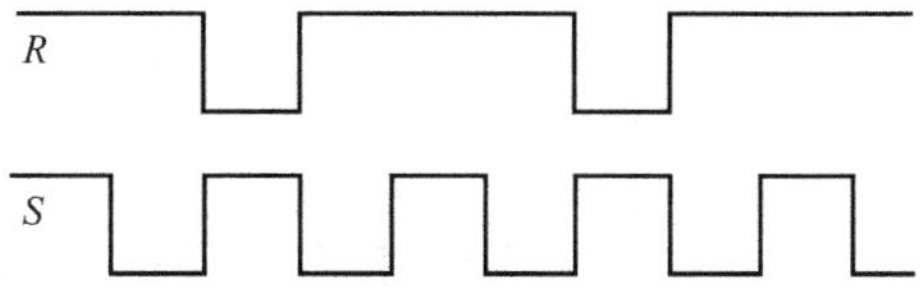

图 1.11.1 习题 11.1 图

（3）在外加信号触发有效时，电路触发翻转，实现置 0 或置 1；

（4）两个输出端要受约束条件约束。

Q 和 $\overline{Q}$ 的波形如图 1.11.2 所示。

【11.2】 由或非门构成的基本 RS 触发器及其逻辑符号如图 1.11.3 所示，试分析其逻辑功能，并根据 R 和 S 的波形对应画出 Q 和 $\overline{Q}$ 的波形。设触发器 Q 端的初始状态为 0。

解：波形如图 1.11.4 所示。

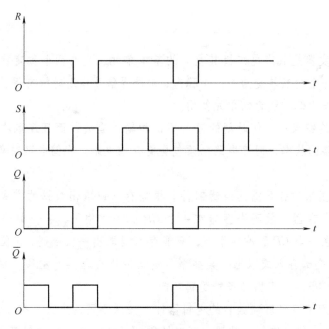

图 1.11.2　习题 11.1 题解图

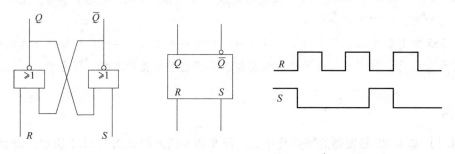

图 1.11.3　习题 11.2 图

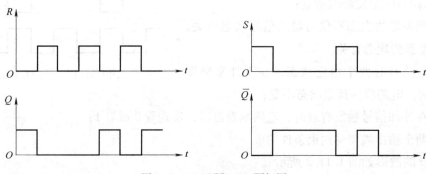

图 1.11.4　习题 11.2 题解图

【11.3】与基本 RS 触发器相比，同步 RS 触发器的特点是什么？设 CP、R、S 的波形如图 1.11.5 所示，触发器 Q 端的初始状态为 0，试对应画出同步 RS 触发器 Q、$\overline{Q}$ 的波形。

解：同步 RS 触发器的特点：

（1）时钟电平控制：在 $CP=1$ 期间接收输入信号，$CP=0$ 时状态保持不变。与基本 RS 触发器相比，对触发器状态的转变增加了时间控制。

（2）R、S 之间有约束：不能出现 R 和 S 同时为 1 的情况，否则会使触发器处于不确定的状态。

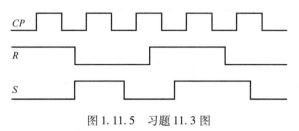

图 1.11.5　习题 11.3 图

Q、$\overline{Q}$ 的波形如图 1.11.6 所示。

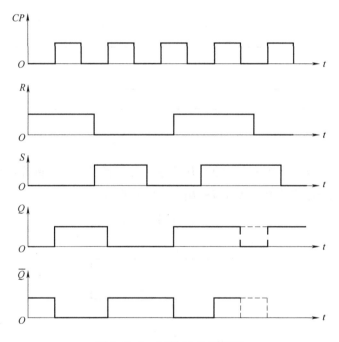

图 1.11.6　习题 11.3 题解图

【11.4】图 1.11.7 所示为 CP 脉冲上升沿触发的主从 JK 触发器的逻辑符号及 CP、J、K 的波形，设触发器 Q 端的初始状态为 0，试对应画出 Q、$\overline{Q}$ 的波形。

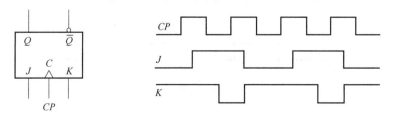

图 1.11.7　习题 11.4 图

解： Q、$\overline{Q}$ 的波形如图 1.11.8 所示。

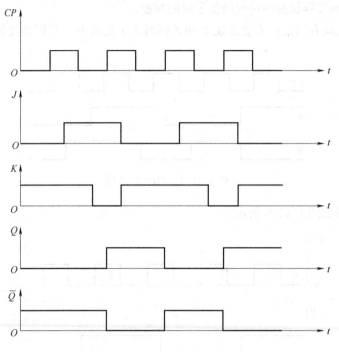

图 1.11.8　习题 11.4 题解图

【11.5】 图 1.11.9 所示为 CP 脉冲上升沿触发的 D 触发器的逻辑符号及 CP、D 的波形，设触发器 Q 端的初始状态为 0，试对应画出 Q、$\overline{Q}$ 的波形。

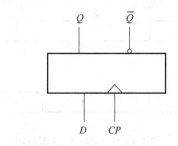

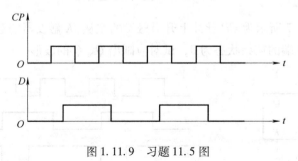

图 1.11.9　习题 11.5 图

解： Q、$\overline{Q}$ 的波形如图 1.11.10 所示。

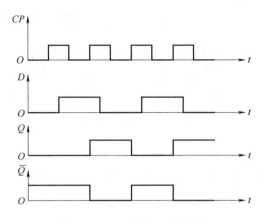

图 1.11.10 习题 11.5 题解图

【11.6】 电路及 CP 和 D 的波形如图 1.11.11 所示，设电路的初始状态为 $Q_0 Q_1 = 00$，试画出 Q_0、Q_1 的波形。

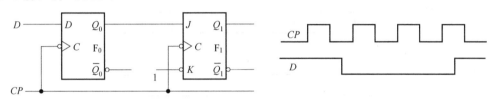

图 1.11.11 习题 11.6 图

解： Q_0、Q_1 的波形如图 1.11.12 所示。

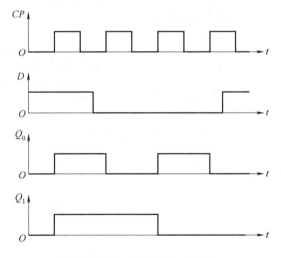

图 1.11.12 习题 11.6 题解图

【11.7】 试画出在 CP 脉冲作用下，图 1.11.13 所示电路 Q_0、Q_1 的波形，设触发器 F_0、F_1 的初始状态为 0。

解： Q_0、Q_1 的波形如图 1.11.14 所示。

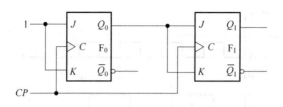

图 1.11.13　习题 11.7 图

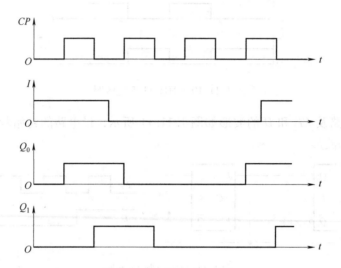

图 1.11.14　习题 11.7 题解图

【11.8】 在图 1.11.15 所示电路中，设触发器 F_0、F_1 的初始状态为 0，试画出在图中所示 CP 和 X 的作用下 Q_0、Q_1 和 Y 的波形。

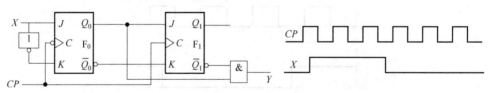

图 1.11.15　习题 11.8 图

解： Q_0、Q_1 和 Y 的波形如图 1.11.16 所示。

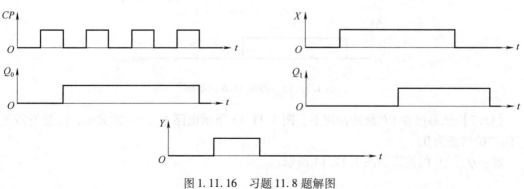

图 1.11.16　习题 11.8 题解图

【11.9】 图 1.11.17 所示电路为循环移位寄存器，设电路的初始状态为 $Q_0 Q_1 Q_2 = 001$。列出该电路的状态表，并画出前 4 个 CP 脉冲作用期间 Q_0、Q_1 和 Q_2 的波形图。

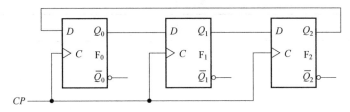

图 1.11.17　习题 11.9 图

解： 状态表如表 1.11.1 所示。

表　1.11.1

C	Q_0	Q_1	Q_2
0	0	0	0
1	1	0	0
2	0	1	0
3	0	0	1
4	0	0	0

Q_0、Q_1 和 Q_2 的波形如图 1.11.18 所示。

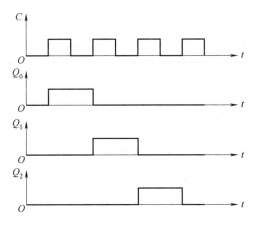

图 1.11.18　习题 11.9 题解图

【11.10】 图 1.11.19 所示电路为由 JK 触发器组成的移位寄存器，设电路的初始状态为 $Q_0 Q_1 Q_2 Q_3 = 0000$。列出该电路输入数码 1001 的状态表，并画出各 Q 的波形图。

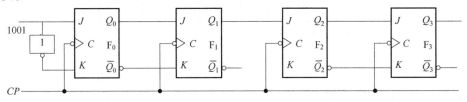

图 1.11.19　习题 11.10 图

解： 状态表如表 1.11.2 所示。

表 1.11.2

C	Q_0	Q_1	Q_2	Q_3
0	0	0	0	0
1	1	0	0	0
2	0	1	0	0
3	0	0	1	0
4	1	0	0	1

各 Q 的波形如图 1.11.20 所示。

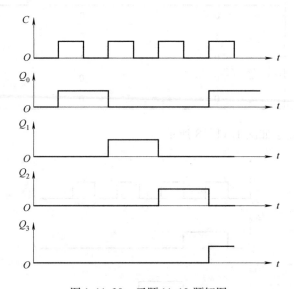

图 1.11.20　习题 11.10 题解图

【11.11】 设图 1.11.21 所示电路的初始状态为 $Q_0Q_1Q_2=000$。列出该电路的状态表，并画出其波形图。

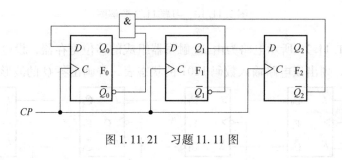

图 1.11.21　习题 11.11 图

解： 状态表如表 1.11.3 所示。

表 1.11.3

C	Q_0	Q_1	Q_2
0	0	0	0
1	1	0	0
2	0	1	0
3	0	0	1
4	0	0	0

Q_0、Q_1 和 Q_2 的波形如图 1.11.22 所示。

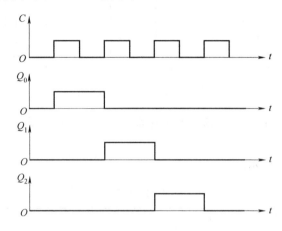

图 1.11.22　习题 11.11 题解图

【11.12】 试分析图 1.11.23 所示电路，列出状态表，并说明该电路的逻辑功能。图中 X 为输入控制信号，Y 为输出信号，可分为 $X=0$ 和 $X=1$ 两种情况。

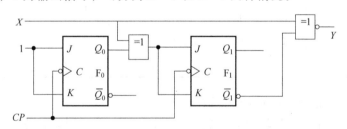

图 1.11.23　习题 11.12 图

解：状态表如表 1.11.4 所示。

表 1.11.4

C	X	Q_0	Q_1	Y	C	X	Q_0	Q_1	Y
0	0	0	0	1	0	1	0	0	0
1	0	0	1	1	1	1	1	1	1
2	0	1	0	1	2	1	1	0	0
3	0	1	1	1	3	1	0	1	1
4	0	0	0	1	4	1	0	0	0

由状态表可知，当输入控制信号 $X=0$ 时，在时钟脉冲 CP 的作用下，电路的 4 个状态按递增规律循环变化，即 00—01—10—11—00…；当 $X=1$ 时，在时钟脉冲 CP 的作用下，电路的 4 个状态按递减规律循环变化，即 00—11—10—01—00…。可见，该电路具有加法计数功能，又具有减法计数功能，是一个同步 2 位二进制可逆计数器。

【11.13】 设图 1.11.24 所示电路的初始状态为 $Q_0Q_1Q_2=000$。列出该电路的状态表，说明是几进制计数器，是同步计数器还是异步计数器。

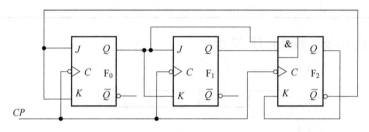

图 1.11.24　习题 11.13 图

解： 由于计数脉冲 CP 同时接到各个触发器的时钟脉冲输入端，所以该计数器为同步计数器。

状态表如表 1.11.5 所示。

表　1.11.5

计数脉冲数	Q_2	Q_1	Q_0	J_0	K_0	J_1	K_1	J_2	K_2
0	0	0	0	1	1	0	0	0	0
1	0	0	1	1	1	1	1	0	0
2	0	1	0	1	1	0	0	0	0
3	0	1	1	1	1	1	1	1	0
4	1	0	0	0	0	0	0	0	1
5	0	0	0	1	1	0	0	0	0

由状态表可知，这是五进制同步计数器。

【11.14】 试分析图 1.11.25 所示电路，列出状态表，并说明该电路的逻辑功能。

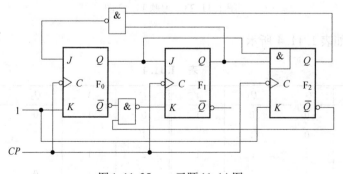

图 1.11.25　　习题 11.14 图

解：由于计数脉冲 CP 同时接到各个触发器的时钟脉冲输入端，所以该电路为同步时序逻辑电路。

设各触发器的初始状态均为 0，根据各触发器的驱动方程以及 JK 触发器的逻辑功能表列出状态表（见表 1.11.6）。若将电路的初始状态定为 001，则该电路的状态按照 001—010—011—100—001… 的规律循环变化，即经过 4 个计数脉冲后回到初始状态，所以该电路是四进制计数器。

表 1.11.6

计数脉冲数	Q_2	Q_1	Q_0	J_0	K_0	J_1	K_1	J_2	K_2
0	0	0	0	1	1	0	0	0	1
1	0	0	1	1	1	1	1	0	1
2	0	1	0	1	1	0	0	0	1
3	0	1	1	1	1	1	1	1	1
4	1	0	0	1	1	0	0	0	1
5	0	0	1	1	1	0	0	0	0

【11.15】 试分析图 1.11.26 所示电路，列出状态表，并说明该电路的逻辑功能。

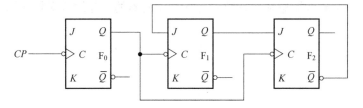

图 1.11.26　习题 11.15 图

解：由于计数脉冲 CP 不是同时接到各个触发器的时钟脉冲输入端，所以该计数器为异步计数器。设各触发器的初始状态均为 0，根据驱动方程以及各触发器的触发时刻列出状态表（见表 1.11.7）。可见，该电路在经过 6 个计数脉冲后回到初始状态，是六进制计数器。

表 1.11.7

计数脉冲数	Q_2	Q_1	Q_0	J_0	K_0	J_1	K_1	J_2	K_2
0	0	0	0	1	1	1	1	0	1
1	0	0	1	1	1	1	1	0	1
2	0	1	0	1	1	1	1	1	1
3	0	1	1	1	1	1	1	1	1
4	1	0	0	1	1	0	0	0	1
5	1	0	1	1	1	0	0	0	1
6	0	0	0	1	1	1	1	0	1

【11.16】 图 1.11.27 所示电路是一个照明灯自动灭亮装置，白天让照明灯自动熄灭，夜晚自动点亮。图中 R 是一个光敏电阻，当受光照射时电阻变小，当无光照射或光照微弱

时电阻增大。试说明其工作原理。

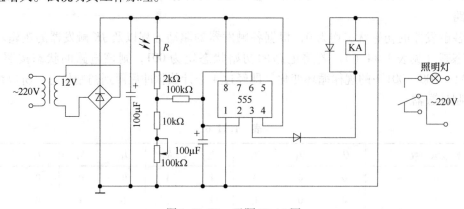

图 1.11.27　习题 11.16 图

解：接通交流电源时，555 定时器获得直流电压为
$$U_{CC} = 1.2 \times 12V = 14.4V$$

白天有光照射时光敏电阻 R 的值变小，电源向 100μF 电容器充电，当充电到 $U_c > 2/3 U_{CC} = 2/3 \times 14.4V = 9.6V$ 时，555 定时器输出高电平，使继电器 KA 操作，照明灯点亮。

图中 100kΩ 电位器用于调节动作灵敏度，阻值增大易于熄灯，阻值减小易于开灯。两个二极管是防止继电器线圈感应电动势损坏 555 定时器的，起续流保护作用。

第二部分

典型检测题荟萃

第一章

典型检测题

【1.1】 电路如图 2.1.1 所示，试计算 A 点电位。

【1.2】 电路如图 2.1.2 所示，求电压 U，并求 3V 电压源和 1A 电流源功率及判断其性质。

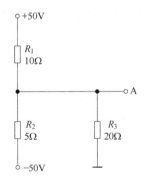

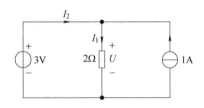

图 2.1.1　检测题 1.1 电路图　　　　图 2.1.2　检测题 1.2 电路图

【1.3】 电路如图 2.1.3 所示，求电流 I_1、I_2，并求 10V 电压源和 3A 电流源功率及判断其性质。

【1.4】 在如图 2.1.4 所示的部分电路中，计算 I_2、I_4、I_5。

【1.5】 电路如图 2.1.5 所示，求电流 I、I_1 和电阻 R。

【1.6】 电路如图 2.1.6 所示，求 A 点电位。

【1.7】 电路如图 2.1.7 所示，求电流 I、电压 U、电阻 R。

【1.8】 电路如图 2.1.8 所示，求 a、b、c 三点电位。

【1.9】 电路如图 2.1.9 所示，求 a、b、c 各点电位。

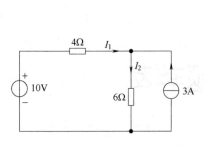

图 2.1.3 检测题 1.3 电路图

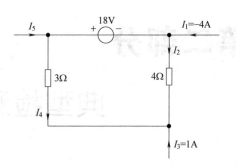

图 2.1.4 检测题 1.4 电路图

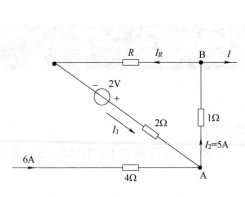

图 2.1.5 检测题 1.5 电路图

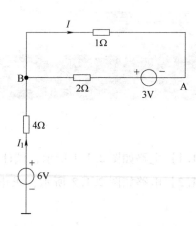

图 2.1.6 检测题 1.6 电路图

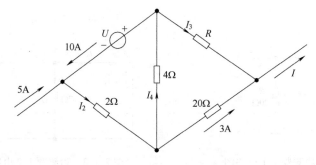

图 2.1.7 检测题 1.7 电路图

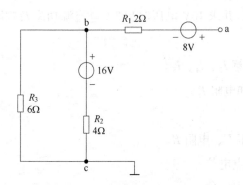

图 2.1.8 检测题 1.8 电路图

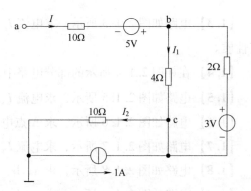

图 2.1.9 检测题 1.9 电路图

【1.10】 电路如图 2.1.10 所示，试计算各电压源及电流源功率，并判断其性质。

【1.11】 电路如图 2.1.11 所示，试求 U_S 和 I，并验证功率守恒。

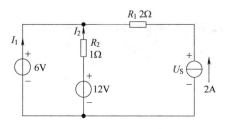

图 2.1.10　检测题 1.10 电路图

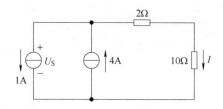

图 2.1.11　检测题 1.11 电路图

【1.12】 电路如图 2.1.12 所示，试计算在开关断开和闭合时 A 点电位。

【1.13】 电路如图 2.1.13 所示，试计算 A 点电位。

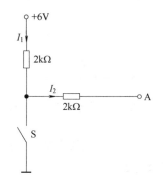

图 2.1.12　检测题 1.12 电路图

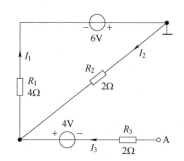

图 2.1.13　检测题 1.13 电路图

第二章

典型检测题

【2.1】 电路如图 2.2.1 所示，用戴维南定理计算电流 I。

【2.2】 电路如图 2.2.2 所示，用戴维南定理求电流 I。

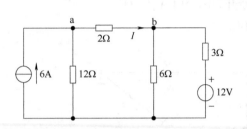

图 2.2.1 检测题 2.1 电路图

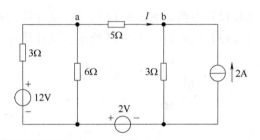

图 2.2.2 检测题 2.2 电路图

【2.3】 如图 2.2.3 所示电路，I =2A，若将电流源断开，则电流 I 为多少？

【2.4】 如图 2.2.4 所示电路，用戴维南定理计算电流 I。

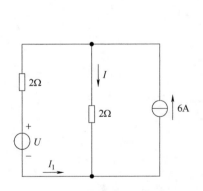

图 2.2.3 检测题 2.3 电路图

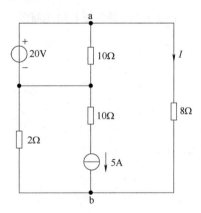

图 2.2.4 检测题 2.4 电路图

【2.5】 如图 2.2.5 所示电路，用戴维南定理计算电流 I。

【2.6】 电路如图 2.2.6 所示，用戴维南定理计算电流 I。

【2.7】 电路如图 2.2.7 所示，用戴维南定理计算电流 I。

【2.8】 电路如图 2.2.8 所示，用电源等效变换的方法计算电流 I。

【2.9】 电路如图 2.2.9 所示，用叠加定理计算电流 I。

【2.10】 电路如图 2.2.10 所示，用电源等效变换法计算电流 I。

【2.11】 电路如图 2.2.11 所示，用叠加定理计算电流 I。

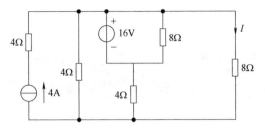

图 2.2.5　检测题 2.5 电路图

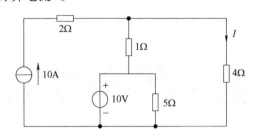

图 2.2.6　检测题 2.6 电路图

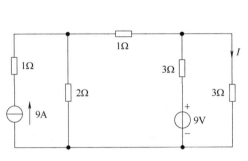

图 2.2.7　检测题 2.7 电路图

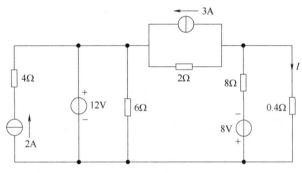

图 2.2.8　检测题 2.8 电路图

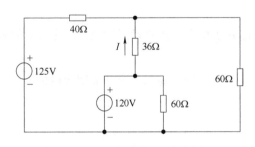

图 2.2.9　检测题 2.9 电路图

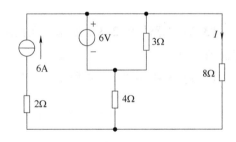

图 2.2.10　检测题 2.10 电路图

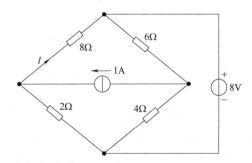

图 2.2.11　检测题 2.11 电路图

第三章

典型检测题

【3.1】 电路如图 2.3.1 所示，在开关闭合前电路已处于稳态，求开关闭合后的 u_C。

【3.2】 电路如图 2.3.2 所示，开关闭合前电路已达稳态，求开关闭合后电容电压 u_C 的变化规律。

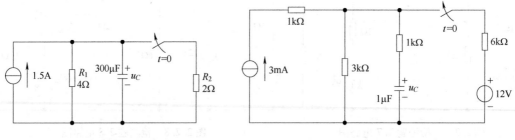

图 2.3.1　检测题 3.1 电路图　　　　　图 2.3.2　检测题 3.2 电路图

【3.3】 电路如图 2.3.3 所示，在换路前电路已处于稳态，试求换路后电流 i 的初始值和稳态值。

【3.4】 电路如图 2.3.4 所示，在开关 S 闭合前电路已处于稳态，求开关闭合后的 u_C。

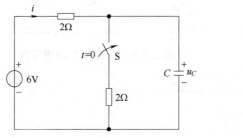 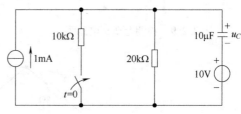

图 2.3.3　检测题 3.3 电路图　　　　　图 2.3.4　检测题 3.4 电路图

【3.5】 电路如图 2.3.5 所示，在开关 S 闭合前电路已处于稳态，求开关闭合后的 u_C。

【3.6】 电路如图 2.3.6 所示，在开关 S 闭合前电路已处于稳态，求开关闭合后的 u_C。

【3.7】 电路如图 2.3.7 所示，开关 S 在位置 a 时电路已处于稳态，求 S 由 a 合向 b 后的 u_C。

【3.8】 电路如图 2.3.8 所示，开关闭合前电路已处于稳态，求 S 闭合后的 u_C。

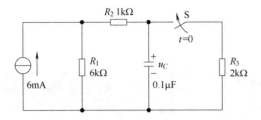

图 2.3.5 检测题 3.5 电路图

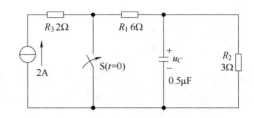

图 2.3.6 检测题 3.6 电路图

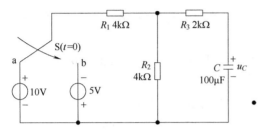

图 2.3.7 检测题 3.7 电路图

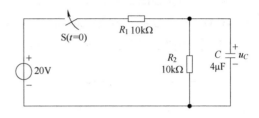

图 2.3.8 检测题 3.8 电路图

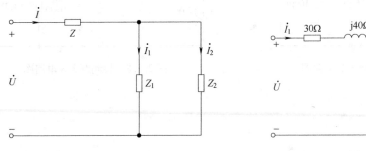

第四章

典型检测题

【4.1】 电路如图 2.4.1 所示，已知电压 $U = 12V$，$Z = (1 + j4)\Omega$，$Z_1 = (3 + j3)\Omega$，$Z_2 = (3 - j3)\Omega$，求各支路电流及电路的有功功率 P。

【4.2】 电路如图 2.4.2 所示，已知电压 $U = 220V$，求三个支路电流及功率因数。

图 2.4.1　检测题 4.1 电路图　　　　　图 2.4.2　检测题 4.2 电路图

【4.3】 电路如图 2.4.3 所示，已知电压 $U = 10V$，$Z_1 = 2\Omega$，$Z_2 = (2 + j3)\Omega$，求电路总阻抗、总电流及电路的有功功率 P。

【4.4】 电路如图 2.4.4 所示，已知 $X_L = X_C = R$，A_1 读数为 3A，求 A_2 和 A_3 的读数。

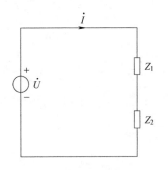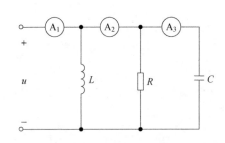

图 2.4.3　检测题 4.3 电路图　　　　　图 2.4.4　检测题 4.4 电路图

【4.5】 电路如图 2.4.5 所示，已知电压 $U = 220V$，求各支路电流及电路的有功功率 P。

【4.6】 电路如图 2.4.6 所示，已知电压 $U = 14V$，求各支路电流及电路的有功功率 P。

【4.7】 电路如图 2.4.7 所示，已知电源电压 $\dot{U} = 220 \angle 0°V$。试求：（1）等效阻抗 Z；（2）电流 $\dot{I}$、$\dot{I}_1$ 和 $\dot{I}_2$。

【4.8】 电路如图 2.4.8 所示，求电流表 A_0 和电压表 V_0 的读数。

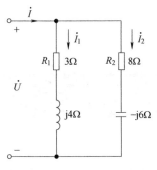

图 2.4.5　检测题 4.5 电路图

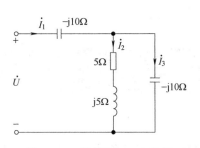

图 2.4.6　检测题 4.6 电路图

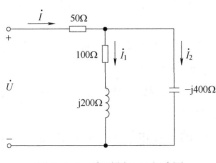

图 2.4.7　检测题 4.7 电路图

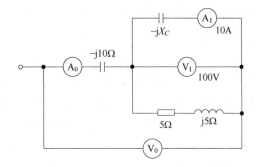

图 2.4.8　检测题 4.8 电路图

【4.9】电路如图 2.4.9 所示，求 $\dot{I}_1$、$\dot{I}_2$、$\dot{U}$。

【4.10】电路如图 2.4.10 所示，试确定：（1）负载阻抗 Z，并说明其性质；（2）电路的功率因数、有功功率、无功功率。其中，$u = 220\sqrt{2}\sin(314t - 143.1°)\text{V}$，$i = 220\sqrt{2}\sin 314t\text{A}$。

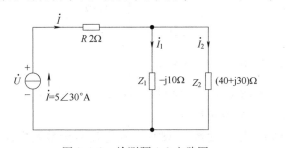

图 2.4.9　检测题 4.9 电路图

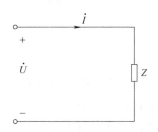

图 2.4.10　检测题 4.10 电路图

【4.11】将一感性负载接到 50Hz 的电源上，已知电源电压 $U = 100\text{V}$，电流 $I = 10\text{A}$，负载消耗的平均功率为 600W，求电路的功率因数、负载的电阻值及感抗值。

第五章

典型检测题

【5.1】 对称三相感性负载绕组为三角形联结，其线电压 $U_L = 380V$，线电流 $I_L = 8A$，三相负载的总功率 $P = 3.2kW$，计算每相负载的等效复阻抗 Z。

【5.2】 三相电源星形联结，相电压 220V，对称负载三角形联结，每相负载阻抗 $Z = (8 + j6)\Omega$，求线电流及电路的有功功率。

【5.3】 三相四线制电路，电源线电压 $U_L = 380V$，三个电阻性负载接成星形，其电阻 $R_1 = 11\Omega$，$R_2 = R_3 = 22\Omega$，试求负载相电压、线电流及中性线电流。

【5.4】 有一三相对称负载 $Z = 12 + j16\Omega$，接成三角形，接在线电压 $U_L = 380V$ 上，从电源取用的功率 $P = 11.43kW$，计算负载的相电流和线电流。

【5.5】 电路如图 2.5.1 所示，在线电压为 380V 的三相电源上，接两组电阻性对称负载，试求线电流。

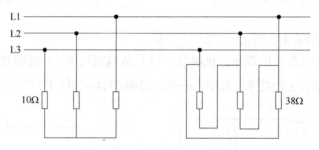

图 2.5.1　检测题 5.5 电路图

【5.6】 三相对称负载为星形联结，其线电压 $U_L = 380V$，线电流 $I_L = 84.2A$，三相负载的总功率 $P = 48.75kW$，计算每相负载的等效复阻抗 Z。

【5.7】 电路如图 2.5.2 所示，已知电压表读数为 380V，求电流表读数及电路总有功功率。

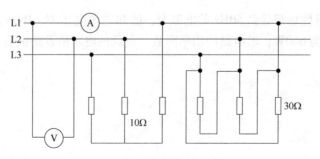

图 2.5.2　检测题 5.7 电路图

【5.8】有一对称三相负载星形联结的电路,三相电源星形联结,电压对称,设 U_{AB} = 380V,角频率为 314rad/s,初相位为 30°,每相负载 $Z = 6 + j8\Omega$,试求各相相电流。

【5.9】某三相负载每相的额定电压为 220V,现有两种电源:线电压为 380V 和线电压为 220V。试问:在上述两种电压下,负载各应作何种联结?设负载对称,且 $R = 24\Omega$,$X_L = 8\Omega$,两种情况下的相电流和线电流各是多少?

【5.10】电路如图 2.5.3 所示,若已知线电流 $\dot{I}_A = 10\angle 60°$A,求三个相电流。

【5.11】电路如图 2.5.4 所示,已知负载(复)阻抗 $Z = 38\angle -30°\Omega$,若线电流 $\dot{I}_A = 17.32\angle 0°$A,求线电压 $\dot{U}_{AB} = ?$

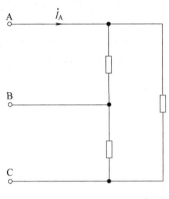

图 2.5.3　检测题 5.10 电路图

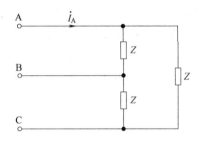

图 2.5.4　检测题 5.11 电路图

第六章

典型检测题

【6.1】一均匀闭合铁心线圈如图 2.6.1 所示，匝数为 300，铁心中磁感应强度为 0.9T，磁路的平均长度为 45cm。试求：（1）铁心材料为铸铁时线圈中的电流；（2）铁心材料为硅钢片时线圈中的电流。

【6.2】如图 2.6.2 所示，交流信号源 $E = 120V$，$R_0 = 800\Omega$，负载是电阻为 $R_L = 8\Omega$ 的扬声器。（1）若 R_L 折算到一次侧的等效电阻 $R'_L = R_0$，求变压器的变比和信号源的输出功率；（2）若将负载直接与信号源连接，则信号源输出多大功率？

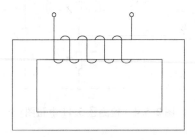

图 2.6.1　检测题 6.1 图

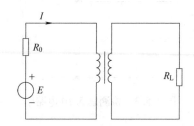

图 2.6.2　检测题 6.2 图

【6.3】单相变压器一次绕组 $N_1 = 1000$ 匝，二次绕组 $N_2 = 500$ 匝，现一次电压 $U_1 = 220V$，二次侧接电阻性负载，测得二次电流 $I_2 = 4A$，忽略变压器的内阻抗及损耗，试求：（1）二次侧的额定电压 U_{2N}；（2）变压器一次侧的等效负载 $|Z'|$；（3）变压器输出功率 P_2。

【6.4】有一单相变压器的额定容量 S_N 为 50kV·A，额定电压为 10000V/230V，当该变压器向 $R = 0.832\Omega$，$X_L = 0.618\Omega$ 的负载供电时，正好满载，试求变压器一次、二次绕组的额定电流和电压变化率。

第八章

典型检测题

【8.1】 电路如图2.8.1所示，已知 $u_i = 10\sin \omega t$，二极管的正向压降及反向电流均忽略不计，画出电压 u_o 的波形。

【8.2】 如图2.8.2所示电路，二极管的正向压降及反向电流均忽略不计，求电压 U_o。

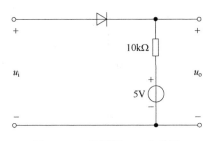

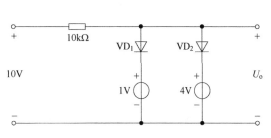

图2.8.1　检测题8.1电路图　　　　　图2.8.2　检测题8.2电路图

【8.3】 如图2.8.3a所示电路，已知输入 u_i 是图2.8.3b所示的三角波，二极管的正向压降及反向电流均忽略不计，画出电压 u_o 的波形。

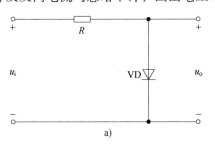

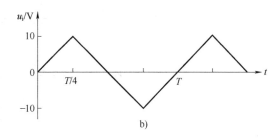

图2.8.3　检测题8.3图

【8.4】 如图2.8.4所示电路，已知 $u_i = 10\sin \omega t$，二极管的正向压降及反向电流均忽略不计，画出电压 u_o 的波形。

【8.5】 电路如图2.8.5所示，晶体管的 u_{BE} 忽略不计，试问 β 大于多少时晶体管处于饱和状态？

【8.6】 电路如图2.8.6所示，已知 $U_{BE} = 0.7V$，$\beta = 100$，若 $R_B = 50k\Omega$，$U_o = ?$ 若 VT 处于临界饱和状态，则 R_B 约为多少？

【8.7】 如图2.8.7所示电路，$u_i = 12\sin \omega t V$，$U = 6V$，二极管正向压降忽略不计，试画出输出电压 u_o 的波形。

【8.8】 如图2.8.8所示电路，输入端A的电位 $V_A = +3V$，B的电位 $V_B = 0V$，求输出端

Y 的电位 V_Y 及电阻 R 上的电流。电阻 R 接负电源 $-12V$。二极管的正向压降是 $0.3V$。

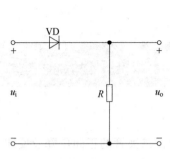

图 2.8.4 检测题 8.4 电路图

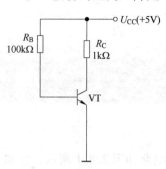

图 2.8.5 检测题 8.5 电路图

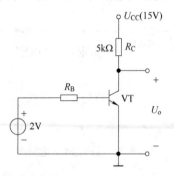

图 2.8.6 检测题 8.6 电路图

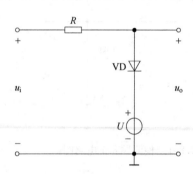

图 2.8.7 检测题 8.7 电路图

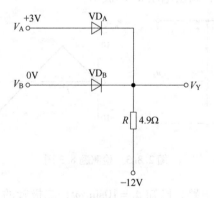

图 2.8.8 检测题 8.8 电路图

【9.1】 电路如图 2.9.1 所示，$\beta = 60$，$U_{BE} = 0.6V$，$R_C = 2k\Omega$，要使静态时 $U_{CE} = 6V$，R_B 为何值？要使 $I_C = 1.5mA$，R_B 为何值？

【9.2】 电路如图 2.9.2 所示，已知 $U_{CC} = 12V$，$R_C = 2k\Omega$，$R_{B1} = 60k\Omega$，$R_{B2} = 30k\Omega$，$r_{be} = 5k\Omega$，$R_L = 2k\Omega$，晶体管的 U_{BE} 忽略不计，$\beta = 80$，求电路的电压放大倍数及输入电阻。

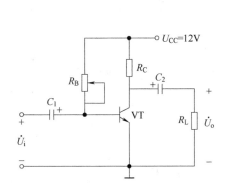

图 2.9.1　检测题 9.1 电路图

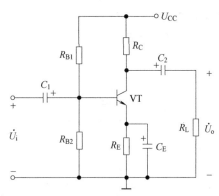

图 2.9.2　检测题 9.2 电路图

【9.3】 如图 2.9.3 所示电路，晶体管的 $\beta = 40$，试画出直流通路并估算静态值。

【9.4】 如图 2.9.4 所示电路，$\beta = 40$，$r_{be} = 0.8k\Omega$，$R_L = 6k\Omega$，画出微变等效电路并求电压放大倍数。

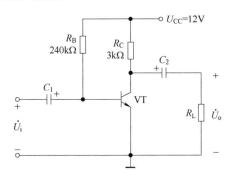

图 2.9.3　检测题 9.3 电路图

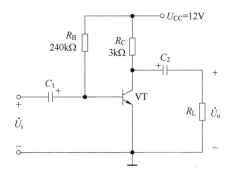

图 2.9.4　检测题 9.4 电路图

【9.5】 如图 2.9.5 所示电路，$\beta = 40$，U_{BE} 忽略，由于晶体管损坏换上一个 $\beta = 80$ 的新管，若保持 I_C 不变，应将 R_B 调整为多少？

【9.6】 电路如图 2.9.6 所示，$\beta = 100$，$r_{be} = 1k\Omega$，现已测得静态管压降 $U_{CEQ} = 6V$，估

算 R_B 为何值? 若测得 U_i 和 U_o 的有效值分别为 $1mV$ 和 $100mV$，则负载电阻 R_L 为何值?

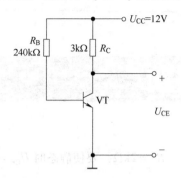

图 2.9.5　检测题 9.5 电路图

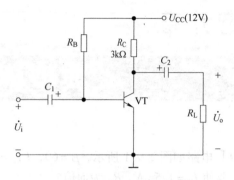

图 2.9.6　检测题 9.6 电路图

【9.7】　如图 2.9.7 所示电路，$\beta = 60$，$r_{be} = 0.8k\Omega$，求静态工作点和电压放大倍数。

【9.8】　电路如图 2.9.8 所示，求：电压放大倍数、输入电阻、输出电阻，设 U_{BE}、$U_{CE(sat)}$ 均可忽略，且 $\beta = 60$，$r_{be} = 100\Omega$。

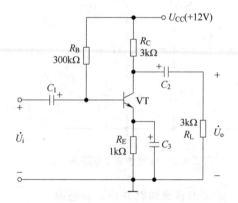

图 2.9.7　检测题 9.7 电路图

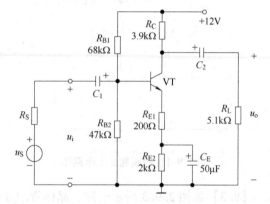

图 2.9.8　检测题 9.8 电路图

▶ 第十章

典型检测题

【10.1】 分析图 2.10.1 所示电路的逻辑功能。

【10.2】 设计一个有三个输入端、一个输出端的判奇电路。所谓判奇电路，就是在三个输入信号中，当有奇数个为高电平时，输出是高电平，否则输出是低电平。

【10.3】 化简逻辑表达式：

$$Y = ABC + AB'C' + ABC' + AB'C$$

【10.4】 甲乙两校举行联欢会，入场券分红、黄两种，甲校学生持红票入场，乙校学生持黄票入场。会场入口处设一自动检票机，符合条件者可放行，否则不准入场。试列逻辑状态表；写出逻辑式并化简；用与非门画出逻辑电路图。

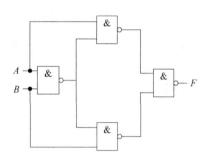

图 2.10.1 检测题 10.1 图

【10.5】 试用与非门设计一个逻辑电路供三人（A、B、C）表决使用。每人有一电键，如果赞成，按下电键，表示 1；如果不赞成，不按电键，表示 0。表决结果用指示灯来表示，如果多数赞成，则指示灯亮，$Y = 1$；反之则不亮，$Y = 0$。

【10.6】 分析图 2.10.2 所示电路的逻辑功能。

【10.7】 图 2.10.3 所示是两处控制照明电路，单刀双投开关 A 装在一处，B 装在另一处，两处都可以开关电灯。设 $Y = 1$ 表示灯亮，$Y = 0$ 表示灯灭；$A = 1$ 表示开关向上扳，$A = 0$ 表示开关向下扳，B 亦如此。试用与非门设计电路图。

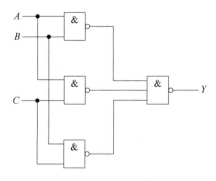

图 2.10.2 检测题 10.6 图

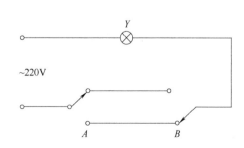

图 2.10.3 检测题 10.7 图

【10.8】 分析图 2.10.4 所示电路的逻辑功能。

【10.9】 分析图 2.10.5 所示电路的逻辑功能。

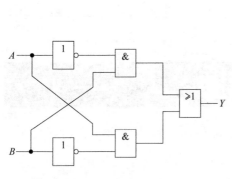

图 2.10.4　检测题 10.8 图

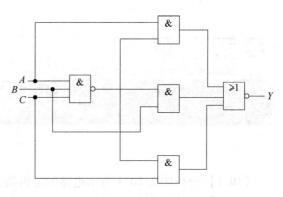

图 2.10.5　检测题 10.9 图

【10.10】保险柜的两层门上各装有一个开关，当任何一层门打开时，报警灯亮，试用与非门来实现。

【10.11】分析图 2.10.6 所示电路的逻辑功能。

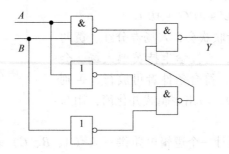

图 2.10.6　检测题 10.11 的图

第十一章

典型检测题

【11.1】 基本 RS 触发器如图 2.11.1a 所示，根据图 2.11.1b 的输入波形画出 Q 和 $\overline{Q}$ 的波形。设触发器的初始状态 $Q = 0$。

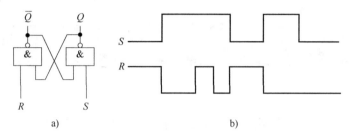

图 2.11.1　检测题 11.1 图

【11.2】 如图 2.11.2 所示，设触发器的初始状态 $Q_1 = 0$，根据给定的输入波形，画出 Q_1 的波形。

【11.3】 试写出 JK 触发器和 D 触发器的功能表，并画图将主从 JK 触发器转换为 D 触发器。

【11.4】 试画出将主从 JK 触发器转换为 T 触发器的电路图。

【11.5】 试写出 D 触发器的特性方程，并写出其功能表。

【11.6】 电路如图 2.11.3 所示，触发器的原状态 $Q_1 Q_0 = 01$，则在下一个 CP 作用后，$Q_1 Q_0$ 为何种状态？

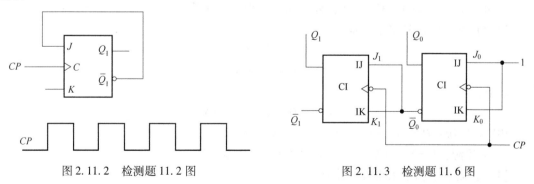

图 2.11.2　检测题 11.2 图　　　　　图 2.11.3　检测题 11.6 图

【11.7】 将 JK 触发器的 J 和 K 端悬空（也称 T' 触发器），试分析其逻辑功能。

【11.8】 试写出主从 JK 触发器的特性方程和真值表。

第三部分

典型检测题荟萃参考答案

▶ 第一章

典型检测题参考答案

【1.1】解：A 点处是一个断点。对 A 点应用基尔霍夫电流定律有

$$\frac{50 - V_A}{R_1} + \frac{(-50) - V_A}{R_2} + \frac{0 - V_A}{R_3} = 0$$

代入 R_1、R_2、R_3 的数值，解得

$$V_A = -14.3\text{V}$$

【1.2】解：由图 2.1.2 可得

$$U = 3\text{V}$$

$$I_1 = \frac{U}{2\Omega} = 1.5\text{A}$$

$$I_2 + 1\text{A} = I_1 \ 得 \ I_2 = 1.5\text{A} - 1\text{A} = 0.5\text{A}$$

3V 电压源：$P = 3\text{V} \times 0.5\text{A} = 1.5\text{W}$，发出功率，为电源性质；

1A 电流源：$P = 1\text{A} \times 3\text{V} = 3\text{W}$，发出功率，为电源性质。

【1.3】解：根据基尔霍夫定律有

$$I_1 + 3 = I_2$$
$$4I_1 + 6I_2 = 10$$

联立求解，得

$$I_1 = -0.8\text{A}, \ I_2 = 2.2\text{A}$$

10V 电压源：$P = 10\text{V} \times (-0.8)\text{A} = -8\text{W}$，是负载性质；

3A 电流源：$P = 3\text{A} \times 6\Omega \times 2.2\text{A} = 39.6\text{W}$，是电源性质。

【1.4】解：根据基尔霍夫定律有

$$I_1 + I_3 + I_5 = 0$$
$$I_2 + I_3 + I_4 = 0$$
$$4I_2 - 3I_4 + 18 = 0$$

联立得

$$I_2 = -3A, \quad I_4 = 2A, \quad I_5 = 3A$$

【1.5】解：由广义 KCL 得：$I = 6A$

对 A 点应用 KCL 得：$I_1 = -1A$

对 B 点应用 KCL 得：$I_R = -1A$

对三角形回路应用 KVL 得

$$I_1 \times 2\Omega + I_2 \times 1\Omega + I_R \times R = 2V$$

解得 $R = 1\Omega$

【1.6】解：由基尔霍夫电压定律得

$$I = \frac{3V}{1\Omega + 2\Omega} = 1A$$

$$U_{AB} = -I \times 1\Omega = -1V$$

又由图 2.1.6 可知

$$I_1 = 0, \quad V_B = 6V \Rightarrow V_A = U_{AB} + V_B = -1V + 6V = 5V$$

【1.7】解：由基尔霍夫电流定律得

$$I = 5A$$

$$I_2 = 5A + 10A = 15A$$

$$I_4 = I_2 - 3A = 15A - 3A = 12A$$

$$I_3 = I_4 - 10A = 12A - 10A = 2A$$

由基尔霍夫电压定律得

$$U + 2I_2 + 4I_4 = 0 \Rightarrow U = -78V$$

$$4I_4 + RI_3 - 3A \times 20\Omega = 0 \Rightarrow R = 6\Omega$$

【1.8】解：由图 2.1.8 可知 $V_c = 0$，则

$$V_b = U_{bc} = \frac{16}{R_2 + R_3} \times R_3 = 9.6V$$

$$U_{ab} = 8V = V_a - V_b, \quad V_a = U_{ab} + V_b = 17.6V$$

【1.9】解：因为 $I = 0$，所以

$$I_1 = \frac{3V}{4\Omega + 2\Omega} = 0.5A$$

由基尔霍夫电流定律得

$$I_2 = 1A$$

$$V_c = U_{c0} = 10I_2 = 10V, \quad U_{bc} = 4I_1 = 2V$$

$$V_b = U_{bc} + V_c = 12V$$

$$U_{ba} = 5V = V_b - V_a, \quad V_a = 7V$$

【1.10】解：由基尔霍夫电流定律得

$$I_1 + I_2 + 2 = 0$$

由基尔霍夫电压定律得

$$I_2 R_2 + 6 = 12, \quad 2R_1 - I_2 R_2 + 12 - U_S = 0$$

$$\Rightarrow I_2 = 6A, \quad I_1 = -8A, \quad U_S = 10V$$

6V 电压源功率 $P_1 = 6V \times (-8)$ A $= -48W$，电压与电流实际方向相同，是负载性质；

12V 电压源功率 $P_2 = 12\text{V} \times 6\text{A} = 72\text{W}$，电压与电流实际方向相反，是电源性质；

2A 电流源功率 $P_3 = 10\text{V} \times 2\text{A} = 20\text{W}$，电压与电流实际方向相反，是电源性质。

【1.11】 解：由基尔霍夫电流定律得

$$1\text{A} + I = 4\text{A}, \quad I = 3\text{A}$$

由基尔霍夫电压定律得

$$2I + 10I = U_S, \quad U_S = 12I = 36\text{V}$$

1A 电流源功率 $P_1 = 36\text{V} \times 1\text{A} = 36\text{W}$，是负载性质；

电阻功率 $P_R = I^2 R = 108\text{W}$；

4A 电流源功率 $P_2 = 4\text{A} \times 36\text{V} = 144\text{W}$，是电源性质；

$P_2 = P_1 + P_R$，功率守恒。

【1.12】 解：开关 S 断开时，有

$$I_1 = I_2 = 0\text{A}$$
$$V_A = 6\text{V}$$

开关 S 闭合时，有

$$I_2 = 0, \quad I_1 = 3\text{mA}, \quad V_A = 0\text{V}$$

【1.13】 解：由图 2.1.13 可知 $I_3 = 0$，$I_1 = I_2 = \dfrac{6\text{V}}{2\Omega + 4\Omega} = 1\text{A}$，则

$$V_A = 0 - I_2 R_2 - 4\text{V} = 0 - 1\text{A} \times 2\Omega - 4\text{V} = -6\text{V}$$

第二章

典型检测题参考答案

【2.1】解：

$$E = U_{ab} = V_a - V_b = 72\text{V} - 8\text{V} = 64\text{V}$$

$$R_0 = 12\Omega + \frac{6 \times 3}{6 + 3}\Omega = 14\Omega$$

$$I = \frac{E}{R_0 + R} = 4\text{A}$$

【2.2】解：

$$E = U_{ab} = V_a - V_b = \frac{12}{3 + 6}\text{A} \times 6\Omega + 2\text{V} - 3\Omega \times 2\text{A} = 4\text{V}$$

$$R_0 = \frac{3 \times 6}{3 + 6}\Omega + 3\Omega = 5\Omega$$

$$I = \frac{E}{R_0 + R} = \frac{4}{5 + 5}\text{A} = 0.4\text{A}$$

【2.3】解：由图 2.2.3 可知

$$I_1 + I = 6\text{A}, \quad I_1 = 6\text{A} - I = 4\text{A}$$
$$2I = U + 2I_1$$
$$U = -4\text{V}$$

电源断开后，有

$$2I + 2I = U, \quad I = -1\text{A}$$

【2.4】解：等效电路如图 3.2.1 所示。

$$E = U_{ab} = 20\text{V} - 5 \times 2\text{V} = 10\text{V}（将 a、b 断开）$$
$$R_0 = 2\Omega（将 a，b 断开，电源除掉）$$

$$I = \frac{E}{R_0 + 8} = \frac{10}{2 + 8}\text{A} = 1\text{A}$$

【2.5】解：等效电路如图 3.2.2 所示。

将 a、b 断开，则由节点电压公式得

$$E = U_{ab} = \frac{\dfrac{16}{4} + 4}{\dfrac{1}{4} + \dfrac{1}{4}}\text{V} = 16\text{V}$$

将 a、b 断开，除掉电源，则

$$R_0 = \frac{4 \times 4}{4 + 4}\Omega = 2\Omega$$

电流 I 为

$$I = \frac{E}{R_0 + 8} = 1.6\text{A}$$

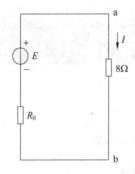
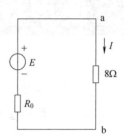

图 3.2.1　检测题 2.4 题解图　　　　　　　图 3.2.2　检测题 2.5 题解图

【2.6】解：等效电路如图 3.2.3 所示。

a、b 断开，则

$$E = U_{ab} = 10 \times 1\text{V} + 10\text{V} = 20\text{V}$$

a、b 断开，同时去掉电源，则

$$R_0 = 1\Omega$$

电流 I 为

$$I = \frac{E}{R_0 + 4} = \frac{20}{1 + 4}\text{A} = 4\text{A}$$

【2.7】解：等效电路如图 3.2.4 所示。

a、b 断开，则

$$E = U_{ab} = \frac{\dfrac{18}{3} + \dfrac{9}{3}}{\dfrac{1}{3} + \dfrac{1}{3}}\text{V} = 13.5\text{V}$$

a、b 断开，同时去掉电源，则

$$R_0 = \frac{3 \times 3}{3 + 3}\Omega = 1.5\Omega$$

电流 I 为

$$I = \frac{E}{R_0 + 3} = \frac{13.5}{1.5 + 3}\text{A} = 3\text{A}$$

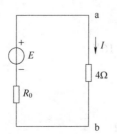
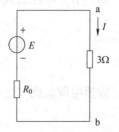

图 3.2.3　检测题 2.6 题解图　　　　　　　图 3.2.4　检测题 2.7 题解图

【2.8】解：等效电路如图 3.2.5 所示。

电流 I 为

$$I = \frac{1.6}{1.6 + 0.4} \times 2\mathrm{A} = 1.6\mathrm{A}$$

【2.9】解：因为

$$I = I' + I''$$

$$I' = \frac{125}{40 + \frac{36 \times 60}{36 + 60}} \times \frac{60}{36 + 60}\mathrm{A} = \frac{5}{4}\mathrm{A}$$

$$I'' = \frac{120}{36 + \frac{40 \times 60}{40 + 60}}\mathrm{A} = 2\mathrm{A}$$

所以

$$I = I' + I'' = 2\mathrm{A} - \frac{5}{4}\mathrm{A} = 0.75\mathrm{A}$$

【2.10】解：等效电路如图 3.2.6 所示。

电流 I 为

$$I = \frac{4}{4 + 8} \times 7.5\mathrm{A} = 2.5\mathrm{A}$$

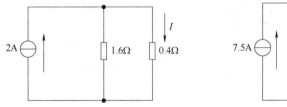
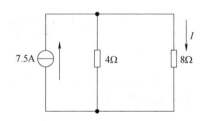

图 3.2.5 检测题 2.8 题解图   图 3.2.6 检测题 2.10 题解图

【2.11】解：电压源单独工作时，有

$$I' = -\frac{8}{2 + 8}\mathrm{A} = -0.8\mathrm{A}$$

电流源单独工作（8V 电压源不工作）时，有

$$I'' = \frac{2}{2 + 8} \times 1\mathrm{A} = 0.2\mathrm{A}$$

根据叠加定理得

$$I = I' + I'' = -0.6\mathrm{A}$$

第三章

典型检测题参考答案

【3.1】 解：根据三要素法，求出三个要素，即

$$u_C(0_+) = u_C(0_-) = 1.5 \times 4\text{V} = 6\text{V}$$

$$u_C(\infty) = \frac{R_2}{R_1 + R_2} \times 1.5 \times 4\text{V} = 2\text{V}$$

$$\tau = R_0 C = (R_1 /\!/ R_2)C = 4 \times 10^{-4}\text{s}$$

带入三要素公式得

$$u_C(t) = u_C(\infty) + [u_C(0_+) - u_C(\infty)]e^{-\frac{t}{\tau}} = (2 + 4e^{-2.5 \times 10^3 t})\text{V}$$

【3.2】 解：根据三要素法，求出三个要素，即

$$u_C(0_+) = u_C(0_-) = 2 \times 3\text{V} = 6\text{V}$$

$$u_C(\infty) = \left(2 + \frac{12}{3+6}\right) \times 3\text{V} = 10\text{V}$$

$$\tau = R_0 C = \left[1 + \left(\frac{3 \times 6}{3+6}\right)\right] \times 10^3 \times 10^{-6} \times 1\text{s} = 3 \times 10^{-3}\text{s}$$

代入三要素公式得

$$u_C(t) = u_C(\infty) + [u_C(0_+) - u_C(\infty)]e^{-\frac{t}{\tau}} = (10 - 4e^{-\frac{10^3}{3}t})\text{V}$$

【3.3】 解：由换路定则得

$$u_C(0_+) = u_C(0_-) = 6\text{V}$$

换路后的电路，开关闭合，电容等效成电压源，电压为6V，此时 $i(0_+) = 0\text{A}$；稳态后，

$i(\infty) = \frac{6}{2+2}\text{A} = 1.5\text{A}$。

【3.4】 解：利用三要素法得

$$u_C(0_+) = u_C(0_-) = 1 \times 20\text{V} - 10\text{V} = 10\text{V}$$

$$u_C(\infty) = 1 \times \frac{10}{10+20} \times 20\text{V} - 10\text{V} = -\frac{10}{3}\text{V}$$

$$\tau = R_0 C = \left(\frac{10 \times 20}{10+20}\right) \times 10^3 \times 10 \times 10^{-6}\text{s} = \frac{1}{15}\text{s}$$

$$u_C(t) = u_C(\infty) + [u_C(0_+) - u_C(\infty)]e^{-\frac{t}{\tau}}$$

$$= \left(-\frac{10}{3} + \frac{40}{3}e^{-15t}\right)\text{V}$$

【3.5】 解：利用三要素法得

$$u_C(0_+) = u_C(0_-) = 6 \times 6\text{V} = 36\text{V}$$

$$u_C(\infty) = 6 \times \frac{6}{6+1+2} \times 2\text{V} = 8\text{V}$$

$$\tau = R_0 C = \left[(R_1 + R_2) // R_3 \right] C = \frac{7 \times 2}{7+2} \times 10^3 \times 1 \times 10^{-7}\text{s} = 1.6 \times 10^{-4}\text{s}$$

$$u_C(t) = u_C(\infty) + \left[u_C(0_+) - u_C(\infty) \right] e^{-\frac{t}{\tau}} = (8 + 28e^{-\frac{t}{1.6 \times 10^{-4}}})\text{V}$$

【3.6】解：利用三要素法得

$$u_C(0_+) = u_C(0_-) = 2 \times 3\text{V} = 6\text{V}$$

$$u_C(\infty) = 0\text{V}$$

$$\tau = R_0 C = (R_1 // R_2) C = 1 \times 10^{-6}\text{s}$$

$$u_C(t) = u_C(\infty) + \left[u_C(0_+) - u_C(\infty) \right] e^{-\frac{t}{\tau}} = 6e^{-10^6 t}\text{V}$$

【3.7】解：利用三要素法得

$$u_C(0_+) = u_C(0_-) = \frac{10}{4+4} \times 4\text{V} = 5\text{V}$$

$$u_C(\infty) = -\frac{5}{4+4} \times 4\text{V} = -2.5\text{V}$$

$$\tau = R_0 C = \left[R_3 + (R_1 // R_2) C \right] = 0.4\text{s}$$

$$u_C(t) = u_C(\infty) + \left[u_C(0_+) - u_C(\infty) \right] e^{-\frac{t}{\tau}} = (-2.5 + 7.5e^{-2.5t})\text{V}$$

【3.8】解：利用三要素法得

$$u_C(0_+) = 0\text{V}$$

$$u_C(\infty) = 10\text{V}$$

$$\tau = R_0 C = (R_1 // R_2) C = 5 \times 10^3 \Omega \times 4 \times 10^{-6}\text{F} = 2 \times 10^{-2}\text{s}$$

$$u_C = u_C(\infty) + \left[u_C(0_+) - u_C(\infty) \right] e^{-\frac{t}{\tau}}$$

$$= 10 - 10e^{-50t}\text{V}$$

【4.1】解：

$$Z_总 = Z + \frac{Z_1 Z_2}{Z_1 + Z_2} = (4 + j4)\,\Omega$$

设 $\dot{U} = 12\sqrt{2}\angle 0°\text{V}$，则

$$\dot{I} = \frac{\dot{U}}{Z_总} = 3\angle 45°\text{A}$$

$$\dot{I}_1 = \frac{Z_2}{Z_1 + Z_2}\dot{I} = \frac{3\sqrt{2}}{2}\angle -90°\text{A}$$

$$\dot{I}_2 = \frac{Z_1}{Z_1 + Z_2}\dot{I} = \frac{3\sqrt{2}}{2}\text{A}$$

$$P = UI\cos\varphi = 12\sqrt{2}\times 3\times\frac{\sqrt{2}}{2}\text{W} = 36\text{W}$$

【4.2】解：设 $\dot{U} = 220\angle 0°\text{V}$，而

$$Z = 30 + j40 + \frac{(10 + j10)(-j10)}{10 + j10 - j10} = (40 + j30)\,\Omega = 50\angle 37°\,\Omega$$

则

$$\dot{I}_1 = \frac{\dot{U}}{Z} = \frac{220\angle 0°}{50\angle 37°}\text{A} = 4.4\angle -37°\text{A}$$

$$\dot{I}_2 = \frac{-10j}{10 + j10 - j10}\dot{I}_1 = 4.4\angle -127°\text{A}$$

$$\dot{I}_3 = \frac{10 + 10j}{10 + j10 - j10}\dot{I}_1 = 6.2\angle 8°\text{A}$$

$$\cos\varphi = 0.8$$

【4.3】解：设 $\dot{U} = 10\angle 0°\text{V}$，则

$$\dot{I} = \frac{\dot{U}}{Z_1 + Z_2} = \frac{10\angle 0°}{4 + j3}\text{A} = 2\angle -37°\text{A}$$

$$Z = Z_1 + Z_2 = (4 + j3)\,\Omega = 5\angle 37°\,\Omega$$

$$P = UI\cos\varphi = 10\times 2\times\cos 37°\text{W} = 16\text{W}$$

【4.4】解：已知 $X_L = X_C = R$，则电路总阻抗 $Z = jX_L /\!/ R /\!/ (-jX_C) = R$。

设 $\dot{I}_1 = 3\angle 0°\text{A}$，则

$$\dot{U} = 3R\angle 0°\text{V}$$

$$\dot{I}_3 = \frac{\dot{U}}{-jX_C} = 3\angle 90°\text{A}$$

$$\dot{I}_2 = \dot{I}_3 + \frac{\dot{U}}{R} = 3\sqrt{2}\angle 45°\text{A}$$

所以 A_2 的读数为 4.2A，A_3 的读数为 3A。

【4.5】解：设 $\dot{U} = 220\angle 0°\text{V}$，则

$$\dot{I}_1 = \frac{\dot{U}}{3+j4} = \frac{220\angle 0°}{5\angle 53°}\text{A} = 44\angle -53°\text{A}$$

$$\dot{I}_2 = \frac{\dot{U}}{8-j6} = \frac{220\angle 0°}{10\angle -37°}\text{A} = 22\angle 37°\text{A}$$

$$\dot{I} = \dot{I}_1 + \dot{I}_2 = 44\angle -53°\text{A} + 22\angle 37°\text{A} = 49\angle -28.5°\text{A}$$

$$P = UI\cos\varphi = 220\text{V} \times 49\text{A} \times \cos 28.5° = 9475\text{W}$$

【4.6】解：设 $Z_1 = -j10\Omega$，$Z_2 = (5+j5)\Omega$，$Z_3 = -j10\Omega$，$\dot{U} = 14\angle 0°\text{V}$，则

$$Z = Z_1 + \frac{Z_2 Z_3}{Z_2 + Z_3} = 10\sqrt{2}\angle -45°\Omega$$

$$\dot{I}_1 = \frac{\dot{U}}{Z} = 1\angle 45°\text{A}, \quad \dot{I}_2 = \frac{Z_3}{Z_2+Z_3}\dot{I}_1 = \sqrt{2}\text{A}, \quad \dot{I}_3 = \frac{Z_2}{Z_2+Z_3}\dot{I}_1 = 1\angle 135°\text{A}$$

$$P = U I_1 \cos\varphi = 9.8\text{W}$$

【4.7】解：（1）等效阻抗为

$$Z = 50\Omega + \frac{(100+j200)(-j400)}{100+j200-j400}\Omega = 440\angle 33°\Omega$$

（2）电流为

$$\dot{I} = \frac{\dot{U}}{Z} = 0.5\angle -33°\text{A}$$

$$\dot{I}_1 = \frac{-j400}{100+j200-j400} \times 0.5\angle -33°\text{A} = 0.89\angle -59.6°\text{A}$$

$$\dot{I}_2 = \frac{100+j200}{100+j200-j400} \times 0.5\angle -33°\text{A} = 0.5\angle 93.8°\text{A}$$

【4.8】解：设 $\dot{U}_1 = 100\angle 0°\text{V}$，则

$$\dot{I}_1 = 10\angle 90°\text{A}, \quad \dot{I}_2 = \frac{\dot{U}}{5+j5} = 10\sqrt{2}\angle -45°\text{A}$$

$$\dot{I}_0 = \dot{I}_1 + \dot{I}_2 = 10\angle 0°\text{A}$$

$$\dot{U}_0 = \dot{I}_0(-j10) + \dot{U}_1 = 141.4\angle -45°\text{V}$$

故 A_0 读数为 10A，V_0 读数为 141.4V。

【4.9】解：

$$\dot{I}_1 = \frac{Z_2}{Z_1+Z_2}\dot{I} = \frac{(40+j30)\Omega}{-j10\Omega+(40+j30)\Omega} \cdot 5\angle 30°\text{A} = 5.6\angle 41°\text{A}$$

$$\dot{I}_2 = \frac{Z_1}{Z_1 + Z_2}\dot{I} = \frac{-j10\Omega}{-j10\Omega + (40 + j30)\,\Omega} \cdot 5\angle30°\text{A} = 1\angle-86°\text{A}$$

$$\dot{U} = \dot{I}R + \dot{I}_1 Z_1 = 5\angle30°\text{A} \times 2\Omega + 5.6\angle41°\text{A} \times (-j10\Omega) = 45 - j37\text{V}$$

【4.10】解：（1）由已知得 $\dot{U} = 220\angle-60°\text{V}$，$\dot{I} = 220\angle0°\text{A}$，则

$$Z = \frac{\dot{U}}{\dot{I}} = 10\angle-60°\Omega$$

因为 $\varphi_u - \varphi_i = -60°$，所以负载为容性。

（2）电路的功率因数、有功功率、无功功率分别为

$$\cos\varphi = \cos(-60°) = 0.5$$
$$P = UI\cos\varphi = 24200\text{W}$$
$$Q = UI\sin\varphi = 41914\text{W}$$

【4.11】解：设 $Z = R + jX_L$，则由 $P = I^2R = 600\text{W} \Rightarrow R = 6\Omega$，又由 $|Z| = \sqrt{R^2 + X_L^2} = 10 \Rightarrow X_L = 8\Omega$，即 $Z = 6 + j8\Omega$。

电路的功率因数为

$$\cos\varphi = \frac{6}{10} = 0.6$$

典型检测题参考答案

【5.1】解：因为负载为三角形联结，所以每相负载的相电压等于线电压，每相负载的线电流等于相电流的$\sqrt{3}$倍，所以每相负载的阻抗模为

$$|Z| = \frac{U_P}{I_P} = \frac{380\sqrt{3}}{8}\Omega$$

$$\cos\varphi = \frac{P}{\sqrt{3}U_L I_L} = \frac{3.2 \times 10^3}{\sqrt{3} \times 380 \times 8}$$

$$R = |Z|\cos\varphi = \frac{380 \times \sqrt{3}}{8} \times \frac{3.2 \times 10^3}{\sqrt{3} \times 380 \times 8}\Omega = 50\Omega$$

$$X = \sqrt{|Z|^2 - R^2} = 65.5\Omega$$

$$Z = (50 + j65.5)\Omega$$

【5.2】解：

$$U_P = 220V, \quad U_L = 380V$$

$$I_P = \frac{U_L}{|Z|} = \frac{380}{\sqrt{8^2 + 6^2}}A = 38A$$

$$I_L = \sqrt{3}I_P = 38\sqrt{3}A, \quad \cos\varphi = \frac{8}{\sqrt{8^2 + 6^2}} = 0.8$$

$$P = \sqrt{3}U_L I_L \cos\varphi = 34656W$$

【5.3】解：设$\dot{U}_{L1} = 380\angle 30°V$，则相电压为

$$\dot{U}_1 = 220\angle 0°V, \quad \dot{U}_2 = 220\angle -120°V, \quad \dot{U}_3 = 220\angle 120°V$$

线电流为

$$\dot{I}_{L1} = \frac{\dot{U}_1}{R_1} = 20\angle 0°A, \quad \dot{I}_{12} = \frac{\dot{U}_2}{R_2} = 10\angle -120°A, \quad \dot{I}_{13} = \frac{\dot{U}_3}{R_3} = 10\angle 120°A$$

中性线电流为

$$\dot{I}_N = \dot{I}_{L1} + \dot{I}_{12} + \dot{I}_{13} = 10\angle 0°A$$

【5.4】解：相电流为

$$I_P = \frac{U_P}{|Z|} = \frac{U_L}{|Z|} = \frac{380}{\sqrt{12^2 + 16^2}}A = 19A$$

则线电流为

$$I_L = \sqrt{3}I_P = 32.9A$$

【5.5】解：相电流为

$$I_{P1} = \frac{U_P}{|Z|} = \frac{380}{10\sqrt{3}} \, A = 22 \, A$$

$$I_{P2} = \frac{U_P}{|Z|} = \frac{380}{38} \, A = 10 \, A$$

则线电流为

$$I_L = I_{P1} + \sqrt{3} I_{P2} = 39 \, A$$

【5.6】解：

$$P = \sqrt{3} U_L I_L \cos\varphi \Rightarrow \cos\varphi = 0.87$$
$$P = 3I_P^2 R = 3I_L^2 R \Rightarrow R = 2.29 \, \Omega$$
$$R = |Z|\cos\varphi \Rightarrow |Z| = 2.64 \, \Omega$$
$$X = \sqrt{|Z|^2 - R^2} = \sqrt{2.64^2 - 2.29^2} \, \Omega = 1.3 \, \Omega$$
$$Z = R \pm jX = (2.29 \pm j1.3) \, \Omega$$

【5.7】解：相电流为

$$I_{P1} = \frac{U_{P1}}{|Z|} = \frac{380}{10\sqrt{3}} \, A = 22 \, A$$

$$I_{P2} = \frac{U_{P2}}{|Z|} = \frac{380}{30} \, A = \frac{38}{3} \, A$$

I_{P1} 和 I_{P2} 同相位，线电流为

$$I_L = I_{P1} + \sqrt{3} I_{P2} = 43.9 \, A$$

总有功功率为

$$P = P_1 + P_2 = 3U_{P1}I_{P1} + 3U_L I_{P2} = 28.92 \, kW$$

【5.8】解：已知 $\dot{U}_{AB} = 380\angle 30° \, V$，各相电压为 $\dot{U}_1 = 220\angle 0° \, V$，$\dot{U}_2 = 220\angle -120° \, V$，$\dot{U}_3 = 220\angle 120° \, V$，则

$$\dot{I}_{P1} = \frac{\dot{U}_1}{Z} = 22\angle -53° \, A，依据对称性得 \dot{I}_{P2} = 22\angle -173° \, A，\dot{I}_{P1} = 22\angle 67° \, A。$$

【5.9】解：（1）线电压为380V，负载应作星形联结，相电流等于线电流，即

$$I_P = I_L = \frac{\frac{380}{\sqrt{3}}}{\sqrt{R^2 + X_L^2}} = \frac{220}{\sqrt{24^2 + 8^2}} \, A = 8.7 \, A$$

（2）线电压为220V，负载应作三角形联结，相电流为

$$I_P = \frac{220}{\sqrt{R^2 + X_L^2}} = 8.7 \, A$$

线电流为

$$I_L = \sqrt{3} I_P = 15.1 \, A$$

【5.10】解：已知线电流 $\dot{I}_A = 10\angle 60° \, A$，则

$$\dot{I}_B = 10\angle -60° \, A，\dot{I}_C = 10\angle 180° \, A$$

三相电流分别为

$$\dot{I}_{AB} = \frac{10\sqrt{3}}{3}\angle 90°\mathrm{A}, \ \dot{I}_{BC} = \frac{10\sqrt{3}}{3}\angle -30°\mathrm{A}, \ \dot{I}_{CA} = \frac{10\sqrt{3}}{3}\angle -150°\mathrm{A}$$

【5.11】解：

$$\dot{I}_A = 17.32\angle 0°\mathrm{A}, \ \dot{I}_{AB} = 10\angle 30°\mathrm{A}$$

$$\dot{U}_{AB} = \dot{I}_{AB}Z = 380\angle 0°\mathrm{V}$$

第六章

典型检测题参考答案

【6.1】解：先从磁化曲线中查出磁场强度 H 的值，然后再计算电流。

（1）$H_1 = 9000\,\mathrm{A/m}$，$I_1 = \dfrac{H_1 l}{N} = 13.5\,\mathrm{A}$

（2）$H_2 = 260\,\mathrm{A/m}$，$I_2 = \dfrac{H_2 l}{N} = 0.39\,\mathrm{A}$

【6.2】解：（1）由 $R'_L = k^2 R_L$，则变比为

$$k = \sqrt{\dfrac{R'_L}{R_L}} = 10$$

此时信号源的输出功率为

$$P_L = \left(\dfrac{E}{R_0 + R'_L}\right)^2 R'_L = 4.5\,\mathrm{W}$$

（2）直接接负载时

$$P_L = \left(\dfrac{E}{R_0 + R_L}\right)^2 R_L = 0.176\,\mathrm{W}$$

可见，阻抗匹配情况下，输出功率增大了 24 倍之多。

【6.3】解：（1）$k = \dfrac{N_1}{N_2} = 2$，而 $\dfrac{U_1}{U_2} = \dfrac{N_1}{N_2}$，所以

$$U_2 = \dfrac{N_2}{N_1} U_1 = 110\,\mathrm{V}$$

（2）由于 $|Z| = \dfrac{U_2}{I_2} = 27.5\,\Omega$，因此

$$|Z'| = k^2 |Z| = 110\,\Omega$$

（3）$P_2 = U_2 I_2 = 440\,\mathrm{W}$

【6.4】解：

$$|Z| = \sqrt{R^2 + X_L^2} = 1.035\,\Omega$$

$$I_2 = \dfrac{S_N}{U_{20}} = 217\,\mathrm{A}$$

$$I_1 = \dfrac{I_2}{k} = 5\,\mathrm{A}$$

$$U_2 = I_2 |Z| = 224.6\,\mathrm{V}$$

$$\Delta U\% = \dfrac{U_{20} - U_2}{U_{20}} \times 100\% = 2.35\%$$

第八章

典型检测题参考答案

【8.1】 解：$u_i > 5V$ 时，二极管导通，$u_o = u_i$；$u_i \leqslant 5V$ 时，二极管截止，$u_o = 5V$。电压 u_o 的波形是一山丘形，如图 3.8.1 所示。

【8.2】 解：VD_1、VD_2 共阳极接法，阴极电位低的先导通，故 VD_1 先导通，VD_1 导通后其阳极电位锁定在 $1V$，导致 VD_2 处于截止状态，所以 $U_o = 1V$。

【8.3】 解：$u_i > 0$ 时，VD 导通，$u_o = 0$；$u_i \leqslant 0$ 时，VD 截止，$u_o = u_i$。电压 u_o 的波形如图 3.8.2 所示。

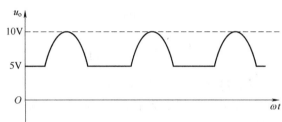

图 3.8.1　检测题 8.1 解答图

【8.4】 解：$u_i > 0$ 时，VD 导通，$u_o = u_i$；$u_i \leqslant 0$ 时，VD 截止，$u_o = 0$。电压 u_o 的波形如图 3.8.3 所示。

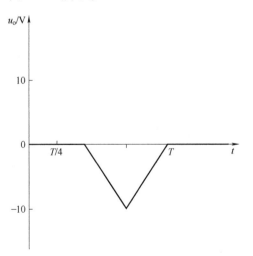

图 3.8.2　检测题 8.3 解答图

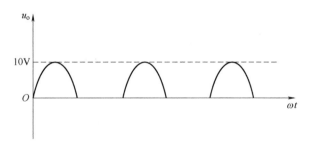

图 3.8.3　检测题 8.4 解答图

【8.5】 解：基极电流为

$$I_B = \frac{U_{CC} - U_{BE}}{R_B} \approx \frac{U_{CC}}{R_B} = 0.05\text{mA}$$

临界饱和基极电流为

$$I'_B = \frac{I'_C}{\beta} = \frac{U_{CC}}{\beta R_C} = \frac{5}{\beta}\text{mA}$$

若 $I_B > I'_B$，则晶体管饱和，$\beta > 100$。

【8.6】解：若 $R_B = 50\text{k}\Omega$，则

$$I_B = \frac{U_{BB} - U_{BE}}{R_B} = 0.026\text{mA}$$

$$I_C = \beta I_B = 2.6\text{mA}$$

$$U_o = U_{CE} = U_{CC} - I_C R_C = 2\text{V}$$

若 VT 临界饱和，则

$$I'_C = \frac{U_{CC}}{R_C} = 3\text{mA}$$

$$I'_B = \frac{I'_C}{\beta} = 0.03\text{mA}$$

$$R_B = \frac{U_{BB} - U_{BE}}{I'_B} = 43.3\text{k}\Omega$$

【8.7】解：$u_i > 6\text{V}$ 时，VD 导通，$u_o = 6\text{V}$；$u_i \leqslant 6\text{V}$ 时，VD 截止，$u_o = u_i$。电压 u_o 的波形如图 3.8.4 所示。

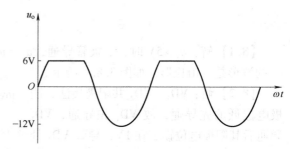

图 3.8.4　检测题 8.7 解答图

【8.8】解：VD_A 先导通，则 $V_Y = 2.7\text{V}$，则电阻 R 上的电流 $I_R = \dfrac{V_Y - (-12)}{R} = 3\text{A}$。

第九章

典型检测题参考答案

【9.1】 解：

$$U_{CE} = 6V, \ U_{CE} = U_{CC} - I_C R_C = 12V - I_C \times 2k\Omega = 6V$$

$$I_C = \frac{6V}{2k\Omega} = 3mA$$

$$I_B = \frac{I_C}{\beta} = \frac{3mA}{60} = 0.05mA$$

$$R_B = \frac{U_{CC} - U_{BE}}{I_B} = 228k\Omega$$

若为 $I_C = 1.5mA$，则

$$I_B = \frac{I_C}{\beta} = 0.025mA$$

$$R_B = \frac{U_{CC} - U_{BE}}{I_B} = 456k\Omega$$

【9.2】 解：首先要画出电路的微变等效电路图（R_E 被短路），则

$$A_u = -\beta \frac{R_C /\!/ R_L}{r_{be}} = -\frac{80 \times \dfrac{2 \times 2}{2 + 2}}{5} = -16$$

$$R_i = R_{B1} /\!/ R_{B2} /\!/ r_{be} = 4k\Omega$$

【9.3】 解：由 $U_{CC} = 12V$，得

$$I_B \approx \frac{U_{CC}}{R_B} = 0.05mA$$

$$I_C = \beta I_B = 40 \times 0.05mA = 2mA$$

$$U_{CE} = U_{CC} - I_C R_C = 12V - 2 \times 3V = 6V$$

直流通路电路图如图 3.9.1 所示。

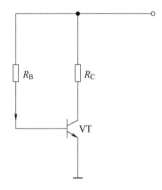

图 3.9.1　检测题 9.3 解答图

【9.4】 解：$A_u = -\beta \dfrac{R_C /\!/ R_L}{r_{be}} = -40 \times 2.5 = -100$

微变等效电路如图 3.9.2 所示。

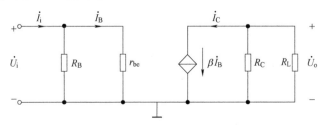

图 3.9.2　检测题 9.4 解答图

【9.5】 解：当 $\beta = 40$ 时，$I_B = \dfrac{U_{CC}}{R_B} = 0.05\text{mA}$，$I_C = \beta I_B = 2\text{mA}$。

当 $\beta = 80$ 时，I_C 不变，则 $I_B = \dfrac{I_C}{\beta} = 0.025\text{mA}$，$R_B = \dfrac{U_{CC}}{I_B} = 480\text{k}\Omega$。

【9.6】 解：由 $U_{CEQ} = U_{CC} - I_C R_C \Rightarrow I_C = 2\text{mA}$，则

$$I_B = \frac{I_C}{\beta} = 0.02\text{mA},\ R_B = \frac{U_{CC}}{I_B} = 600\text{k}\Omega$$

若 $U_i = 1\text{mV}$，$U_o = 100\text{mV}$，则 $A_u = -100$。

由 $A_u = -\beta \dfrac{R_C /\!/ R_L}{r_{be}} \Rightarrow R_C /\!/ R_L = 1\text{k}\Omega$，$R_L = 1.5\text{k}\Omega$。

【9.7】 解：静态工作点为

$$I_B = \frac{U_{CC} - U_{BE}}{R_B + (1+\beta)R_E} = \frac{12}{300 + 61 \times 1}\text{mA} = 0.033\text{mA}$$

$$I_C = \beta I_B = 1.98\text{mA}$$

$$U_{CE} = U_{CC} - I_C(R_C + R_E) = 12\text{V} - 1.98 \times 4\text{V} = 4.08\text{V}$$

电压放大倍数为

$$A_u = -\beta \frac{R_C /\!/ R_L}{r_{be}} = -112.5$$

【9.8】 解：

$$U_B = \frac{R_{B2}}{R_{B1} + R_{B2}} \times 12\text{V} = 4.9\text{V}$$

$$I_C \approx I_E = \frac{U_B}{R_{E1} + R_{E2}} = 2.23\text{mA}$$

$$I_B = \frac{I_C}{\beta} = 0.037\text{mA}$$

$$U_{CE} = U_{CC} - I_C R_C - I_E R_E = 2.634\text{V}$$

$$A_u = -\beta \frac{R_C /\!/ R_L}{r_{be} + (1+\beta)R_{E1}}$$

$$= -60 \times \frac{\dfrac{3900 \times 5100}{3900 + 5100}\Omega}{100\Omega + 61 \times 200\Omega}$$

$$= -10.78$$

$$R_i = R_{B1} /\!/ R_{B2} /\!/ [r_{be} + (1+\beta)R_{E1}] = 8526\Omega$$

$$R_0 = R_C = 3.9\text{k}\Omega$$

第十章

典型检测题参考答案

【10.1】 解：（1）列表达式并化简 $F = ((A \cdot (A \cdot B)')' \cdot B \cdot (A \cdot B)')' = A \cdot B' + A' \cdot B$。

（2）列状态表如表 3.10.1 所示。

表　3.10.1

A	B	Y
0	0	0
0	1	1
1	0	1
1	1	0

（3）逻辑功能：输入相同时，输出为 0；输入不同时，输出为 1。

【10.2】 解：（1）列状态表如表 3.10.2 所示。

表　3.10.2

A	B	C	Y
0	0	0	0
0	0	1	1
0	1	0	1
0	1	1	0
1	0	0	1
1	0	1	0
1	1	0	0
1	1	1	1

（2）列表达式

$$Y = A'B'C + A'BC' + AB'C' + ABC$$

（3）判奇电路如图 3.10.1 所示。

【10.3】 解：原式 $= AC + AB + AB'C' = A(B'C')' + AB'C' = A$

【10.4】 解：设 $A = 1$ 为甲校学生，$B = 1$ 为持有红票；$A = 0$ 为乙校学生，$B = 0$ 为持有黄票；

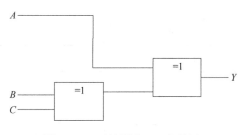

图 3.10.1　检测题 10.2 解答图

$Y = 1$ 放行，$Y = 0$ 禁入。

（1）列出状态表如表 3.10.3 所示。

表 3.10.3

A	B	Y
0	0	1
0	1	0
1	0	0
1	1	1

（2）由表写出表达式：

$$Y = A'B' + AB$$

变换表达式：

$$Y = (AB + A'B')'' = ((AB)' \cdot (A'B')')'$$

（3）逻辑电路如图 3.10.2 所示。

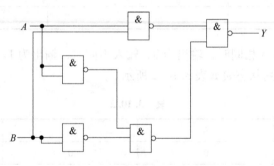

图 3.10.2　检测题 10.4 解答图

【10.5】解：（1）由题意列出状态表如表 3.10.4 所示。

表 3.10.4

A	B	C	Y
0	0	0	0
0	0	1	0
0	1	0	0
0	1	1	1
1	0	0	0
1	0	1	1
1	1	0	1
1	1	1	1

（2）由表列出逻辑表达式，并化简：

$$Y = A'BC + AB'C + ABC' + ABC = AB + BC + AC$$

（3）变换并画图（见图 3.10.3）

$$Y = (AB + BC + AC)'' = ((AB)' \cdot (BC)' \cdot (AC)')'$$

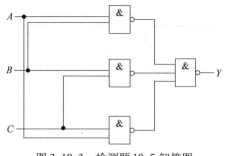

图 3.10.3　检测题 10.5 解答图

【10.6】解：（1）写出表达式

$$Y = ((AB)' \cdot (BC)' \cdot (AC)')' = AB + BC + AC$$

（2）列状态表如表 3.10.5 所示。

表　3.10.5

A	B	C	Y
0	0	0	0
0	0	1	0
0	1	0	0
0	1	1	1
1	0	0	0
1	0	1	1
1	1	0	1
1	1	1	1

（3）逻辑功能：三个输入变量中有多个 1，则输出为 1，否则为 0，可作为三人表决电路。

【10.7】解：（1）由题意列出状态表如表 3.10.6 所示。

表　3.10.6

A	B	Y
0	0	1
0	1	0
1	0	0
1	1	1

（2）由表写出逻辑表达式：

$$Y = AB + A'B'$$

（3）画逻辑图（见图 3.10.4）

$$Y = (AB + A'B')'' = ((AB)' \cdot (A'B')')'$$

【10.8】解：（1）列表达式并化简 $Y = AB' + A'B$

（2）列状态表如表 3.10.7 所示。

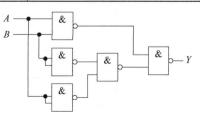

图 3.10.4　检测题 10.7 解答图

表 3.10.7

A	B	Y
0	0	0
0	1	1
1	0	1
1	1	0

(3) 逻辑功能: 输入相同时, 输出为0; 输入不同时, 输出为1。

【10.9】解: (1) $Y = ((ABC)' \cdot A + (ABC)' \cdot B + (ABC)' \cdot C)'$
$= ABC + A' \cdot B' \cdot C'$

(2) 列逻辑状态表如表3.10.8所示。

表 3.10.8

A	B	C	Y
0	0	0	1
0	0	1	0
0	1	0	0
0	1	1	0
1	0	0	0
1	0	1	0
1	1	0	0
1	1	1	1

(3) 由状态表3.10.8可知, 该电路的逻辑功能为: 判输入一致性电路。

【10.10】解: 设两个开关输入变量 A、B, 开关闭合为0, 开关断开为1; 报警灯为输出变量 Y, 灯亮为1, 灯灭为0。

(1) 状态表如表3.10.9所示。

表 3.10.9

A	B	Y
0	0	0
0	1	1
1	0	1
1	1	1

（2）表达式：

$$Y = A'B + AB' + AB = A + B = (A'B')'$$

（3）逻辑电路如图3.10.5所示。

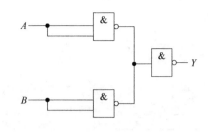

【10.11】 解：（1）$Y = ((AB)' \cdot (A'B')')'$

$$= AB + A'B'$$

（2）状态表如表3.10.10所示。

图 3.10.5　检测题10.10解答图

表　3.10.10

A	B	Y
0	0	1
0	1	0
1	0	0
1	1	1

（3）逻辑功能：输入相同时，输出为1；输入不同时，输出为0。

第十一章

典型检测题参考答案

【11.1】 解：Q 和 $\overline{Q}$ 的波形如图 3.11.1 所示。

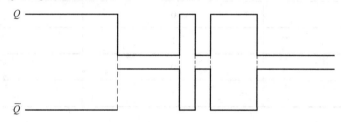

图 3.11.1　检测题 11.1 解答图

【11.2】 解：Q_1 的波形如图 3.11.2 所示。

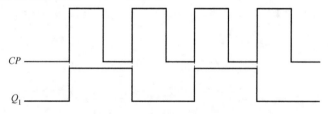

图 3.11.2　检测题 11.2 解答图

【11.3】 解：JK 特性表如表 3.11.1 所示。

表　3.11.1

J	K	Q_{n+1}
0	0	保持
0	1	置0
1	0	置1
1	1	翻转

D 触发器功能表如表 3.11.2 所示。

表　3.11.2

D	Q_{n+1}
0	0
1	1

改接电路图如图 3.11.3 所示。

【11.4】解：电路图如图 3.11.4 所示。

【11.5】解：触发器特性方程 $Q_{n+1} = D_n$。

状态表如表 3.11.3 所示。

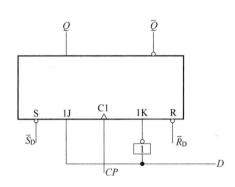

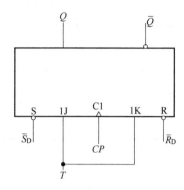

图 3.11.3　检测题 11.3 解答图　　　　图 3.11.4　检测题 11.4 解答图

表　3.11.3

D	Q_{n+1}
0	0
1	1

【11.6】解：$J_0 = K_0 = 1$，$J_1 = K_1 = \overline{Q}_0$，代入 JK 特性方程 $Q_{n+1} = J\overline{Q}_n + \overline{K}Q_n$，则

$$Q_0 = \overline{Q}_0, \quad Q_1 = \overline{Q}_0\,\overline{Q}_1 + Q_0 Q_1$$

若触发器的原状态 $Q_1 Q_0 = 01$，则在下一个脉冲的下降沿后 $Q_1 Q_0 = 00$。

【11.7】解：T' 触发器，即 $T = 1$，实现翻转计数。

JK 特性表如表 3.11.4 所示。

表　3.11.4

J	K	Q_{n+1}
0	0	保持
0	1	置0
1	0	置1
1	1	翻转（计数）

当 J、K 悬空时，$J = K = 1$，即触发器实现翻转功能。

【11.8】解：特性方程 $Q_{n+1} = J\overline{Q}_n + \overline{K}Q_n$。

真值表如表 3.11.5 所示。

表 3.11.5

J	K	Q_n	Q_{n+1}
0	0	0	0
0	0	1	1
0	1	0	0
0	1	1	0
1	0	0	1
1	0	1	1
1	1	0	1
1	1	1	0